新设计书

奇想 建筑

EXACTING FANTASY · **Architecture**

王斯旻
王雪诗
白　非　编

清华大学出版社
北京

雕有理想设计
与世界设计师

邹乐勤　周宁奕
贾曼　　王一楠
吕嘉琦　杨铭川
张思达　Honglin Li
付冲　　金立晗
张森　　郑时翔
Florence Lam　林宇腾
王子寒　邓若凝
王雨田　Wendy Teo
宋蕾　　王梓如
赵芯妍　张艺
阳程帆　刘鑫
郑墨　　赵皎月
邱璜　　李静姝
王斯旻　吴俊杰
张砚　　马欣然
Dylan Dai　岳子泓

序言

当建筑和奇想碰在一起，想必总会充满争议。毕竟，建筑作为绝大部分人绝大部分时间所居住的场所，作为世界上大部分能量消耗的来源，作为最复杂的人类工程协作和创造的产品，是难以容得下"奇想"这个如此不严谨的词汇的。

一个实体建筑的诞生，总会经历规划、可行性研究、概念、方案、施工图设计等过程。而在这之中、规范、论证、工程学、监理、研讨会等形式的探究，无不彰显着理性和严谨在这个过程中所占据的巨大话语权。不容质疑的是，理性和严谨是一座易于使用而又安全可靠的建筑基石。然而这座基石似乎在事实上限制着在这个飞速发展的时代建筑业的迭代和更替。

互联网、人工智能、区块链、虚拟现实等，似乎每个概念都和建筑相关，但又都在其庞大的投资和巨量的协作前无法撼动根基，仿佛建筑行业就应该是那个在时代中跑得最慢的一个，又仿佛慢半拍的建筑已经足够满足人们的需要。

本书的作者们想挑战的，就是对于建筑思考的桎梏。作为遍布全球的中国青年设计师，他们在不同的方向上用作品讲述着对建筑未来的认知。这些作品，或探讨形式，或品味乡土，或触摸材料，或剖析社会，它们是从全世界范围征集的数百份作品中选出的佼佼者，作者们试图讨论建筑未来，讨论建筑行业未来，讨论建筑与社会变化间关系的思想先锋。

这是凯诺编写的第二本书。两年前第一本《奇想：建筑 景观 城市 创意设计选集》面世，该书所引发的讨论和影响鼓励着我们继续将好的青年设计师的思考筛选并采编集结成册。凯诺空中设计课作为线上设计教育的先锋探索者，不仅希望通过线上教育产生设计，更希望能够产生设计思想。"新设计书"系列丛书，便是这些设计思想的精华记录。我们希望本书不仅能够为广大建筑设计学生带来设计参考，也能让对建筑感兴趣的读者打开新的脑洞，更能对行业产生影响，引起有益讨论。

不知，下一个改变建筑行业、改变未来人居环境的奇想是否会诞生于本书。

但也许，下一个这样的伟大奇想就来源于捧着本书的你。

王斯旻
精于设计创始人
凯诺空中设计课校长

王雪诗
凯诺空中设计课联合创始人

白日梦们

撰文：张森
插画：Su（黄夙）

给我写着"69-26-18-0"的纸条后，老张踩椅子登高把横幅挂了起来，然后点了根烟，后退看看上边平不平。"好像有点儿长啊"，老张自言自语，又把它摘下来，没有量，一刀下去就5毫米，不多不少。重新钉在墙上，这回平了。老张趁四下安静掏出一罐无味苏打水，噗呲打开，咕咚咕咚地喝下。打印店的机器一直嗡嗡闹腾待机，没事儿干也要这么叫唤着。机器下边是堆放整齐的黄色空墨盒。黄光 LED 敲打着刚挂上的亚光横幅，"离百年老店还有九十七年"，每个字都差不多有老张现在正在吐的烟圈这么大。

老张再次确认周围没人后又补了一大口苏打水，收起尺子。尺子跟刚刚扎图的四个大头针一样，用的是当年专教里从队友那儿顺来的，背面还写着大写的"P"。打印店的活儿多的时候老张来不及切，这把锈尺也会借给额头有汗的客人自己去切。

打印店里大家来了又走，老张从不过问都在着急创造什么价值。周五上午差不多没什么事儿干，常客们一般周四多一些，眼下正好清静，可以打扫卫生，从前扫到后。店后面有个不合时宜的老式铁柜子，拿胶条粘着一张 A4 纸，上写"没人认领"几个仿宋体大字。

老张打着 BeatBox 推着墩布路过铁柜。柜子有四个抽屉，四种锁。最上边的一把是个圆形转盘锁，用淡蓝色的半透明橡胶纸包裹着。我犹豫了半天，转动了"69-26-18-0"。

故事列表

情感	大屿山生态公社 / 邹乐勤	002
	土地讲述身份语言：库思科语言学校 / 贾曼	022
	狂欢节剧院 / 张思达	038
	片刻停留 / 吕嘉琦	048
	青海玉树震后纪念性公墓 / 付冲	056
冲突	动词博物馆 / 张森	068
	市场图书馆 / Florence Lam	080
	包容的飞地 | 嵌套的飞地 / 杨铭川	086
	城市奇景 / 王雨田团队	098
插嘴	不确定话局 / 王斯旻　张砚　周宁奕　Dylan Dai	122
秩序	市政厅幻象 / 王一楠	134
	819 宾州大道 / Honglin Li	146
	清真寺设计 / 金立晗	160
	空间编织 / Wendy Teo 团队	168
自由	地球年代纪 / 郑时翔　林宇腾　邓若凝	192
	自动化永久培养操作手册 / 王子寒	206
	梯田山顶 / 岳子泓	222
	理想世界 / 马欣然	230

大屿山生态公社 / 邹乐勤
Lantau Ecological Commune

土地讲述身份语言：库思科语言学校 / 贾曼
Land Speaks Identity: A Language School in Cusco

狂欢节剧院 / 张思达
Carnival Theater

片刻停留 / 吕嘉琦
Extended Ground

青海玉树震后纪念性公墓 / 付冲
The Memorial Cemetery of Post-Earthquake in Yushu County

"吧儿"的一声，锁一下弹开了。抽屉最上面是几张日落的照片，几张记着不认识符号的笔记本，一张没冲洗的底片，一个塑料面具和一块断砖。在角落里还有一把弯了的铸铁钥匙，极像那种生锈的铁拐。

如果不是因为脚腕折了，我对罗马的记忆也不会这么挥之不去。在开学的第二个礼拜，我因为被对面的雕塑过分吸引，从楼梯的最后两节一脚踩空。躺在平台等待救护车的时候，罗马第一次为我撩起她的裙底。我盯着正上方的穹顶画，意识到有多少次行走于城市时，我的双眼未能发现那些设计匠隐藏的更多创作。

每周两次城市徒步课，架上轻铁单拐，缩在长腿教授的空巷回音中努力想追上大部队。无奈脚力不佳只能低头看着地慢慢行走。脚下不平的路，砖地起伏，楼梯障碍，都在提醒着我，生怕我忘了脚折了而到处提醒正常走路是多么宝贵。人生就是如此，如果不是窒息了才不会想起看不见的空气。

两个月的俯视让我看东西极慢，极难忘记这个城市的凌乱地铺，临街立面的破碎陈旧。跛脚的我也是残缺的罗马，99℃的热水壶，因为迟迟不沸腾而懊恼。同病相怜的几秒，城市成为我的记忆，我成为城市的历史。为了这个仪式，于昼夜交替的时候我靠在桥栏杆上，俯瞰罗马的地砖，而地砖躺在那里，看着我的裙底。不是真的裙子，谁还没点儿什么地方不想让外人看，又巴不得有知音看尽呢？

大屿山生态公社
Lantau Ecological Commune

作者：邹乐勤
时间：2016 年 春
地点：中国香港

对于生态保育、小区营造之类的课题，我们普遍有理性认知，而缺乏感性回顾。漫山遍野的草丛，悄然无声而生机盎然，或有三两村屋隐没其中。郊游从来都是一种退隐：看见原始、破落、荒芜，我们一方面学会放开怀抱，另一方面也暗自庆幸自己所拥有的。不得不承认我们渴求的，并不是完全回归自然或者揭示真相，而是稍稍置身事外，透过观赏荒芜来获取美感。就正如我们都喜欢跑到贫穷老旧的城区，游走于那种邻里分享而成的复杂多变空间，去看别人活着的痕迹，感受生命的张力。我们会选择节俭，但不会愿意长居于贫民窟，如果可以选择的话。

我们都希望投身小区设计：那种无分贫富贵贱，众人都可以坐下来的空间，去找一份宁谧。然而做小区设计，会发现普罗大众需要的更多是实用品。对于他们来说，标准化住房、简单耐用的家具，往往比我们心目中想象的"设计"更合心意。于是我们问自己，如何心安理得地去实践建筑，而又找到发挥和表现的机会？

香港以高密度建筑著称。然而甚少外人知道，因为位处丘陵地带，适合开发的土地其实不多。余下的山地和集水区，因为长年受保护，形成了风光俊秀的绿化带，其中的生物多样性，是许多亚洲大都市皆望尘莫及的。大东山芒草原附近正是如此。我们造一个小小的公社，透过分享，透过付出，透过气来气喘地爬上山顶看日出日落，我们来感受大地。

我们希望公社不只是一个游客中心或者旅舍，更是一个参与的过程。就像在原始聚落里，倘若要建房子，就得动员整整一村子的人来帮忙。房子建好后，这户人家要宴请村民吃饭，而这顿饭往往要花上好几个月的时间准备。建造本来就是个凝聚小区的重要祭礼。过程当中，建筑物并不以一个实体对象出现，而是一直随着时间推移而变化。这是我们乐见的，就像大自然本来就有生住异灭一样。

回看自己当年的毕业作品，自然发现这天真烂漫透顶，而且也不见得比其他小区设计概念更可以糊口。建筑语言是个笑料：人在国外，老师不知怎的觉得东南亚气候就该用茅草、竹棚、夯土、织藤，他认为这才是可持续建筑。那时候因为快要期末交图了就不敢纠缠，老师说茅草夯土那就茅草夯土吧，结果就无辜变成低技派。我想，如果用一些现代点的材料，可能是轻钢结构、帆布、半透光板……不用昂贵，有点随意，稀松平常，或许更能衬托原始生态环境的风光？

画作方面，本来是用伦敦近来流行的历史拼贴和绘画风，我的主题是生态、日常、社会纪实，所以参考也离不开米勒和科罗。后来老师说画风太怀旧了不如简简单单画线图，把筑造的过程描绘出来，就有了最后那张轴测图。这张图后来拿了皇家艺术院 Hugh Casson 绘画奖，那是始料不及的。因为深知单论画功而言，比我画得好的同窗好友师兄弟姊妹们，实在太多了。

003

旅社

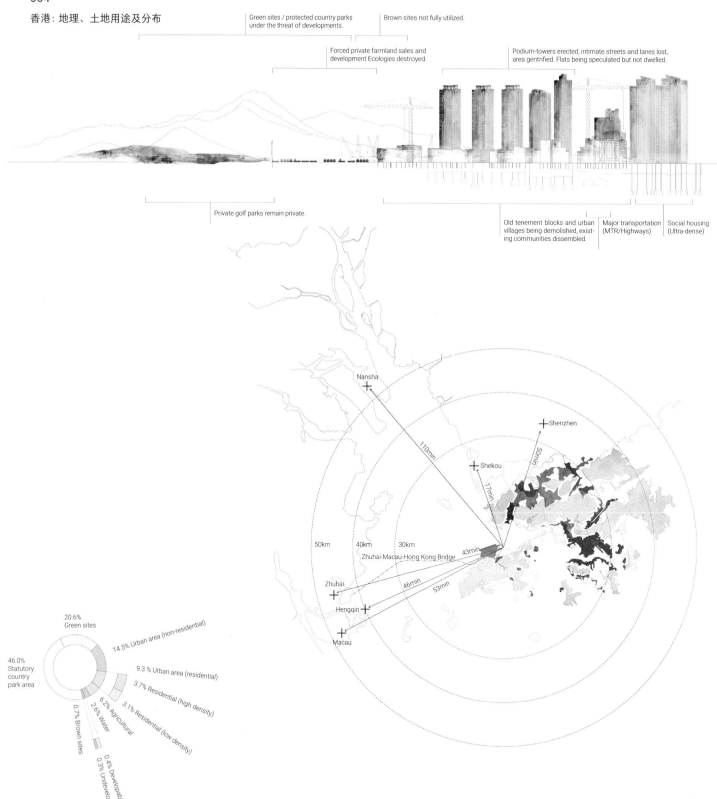

005

土地供应状况：现存乡邻保育及社区介入组织分布

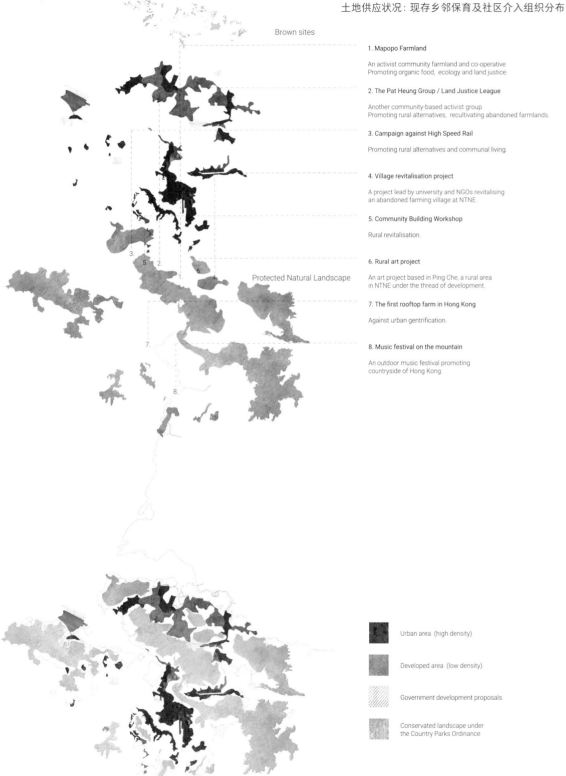

Brown sites

1. Mapopo Farmland

An activist community farmland and co-operative
Promoting organic food, ecology and land justice.

2. The Pat Heung Group / Land Justice League

Another community-based activist group
Promoting rural alternatives, recultivating abandoned farmlands.

3. Campaign against High Speed Rail

Promoting rural alternatives and communal living.

4. Village revitalisation project

A project lead by university and NGOs revitalising
an abandoned farming village at NTNE.

5. Community Building Workshop

Rural revitalisation.

6. Rural art project

An art project based in Ping Che, a rural area
in NTNE under the thread of development.

7. The first rooftop farm in Hong Kong

Against urban gentrification.

8. Music festival on the mountain

An outdoor music festival promoting
countryside of Hong Kong.

Protected Natural Landscape

- Urban area (high density)
- Developed area (low density)
- Government development proposals
- Conservated landscape under the Country Parks Ordinance

农作物季节

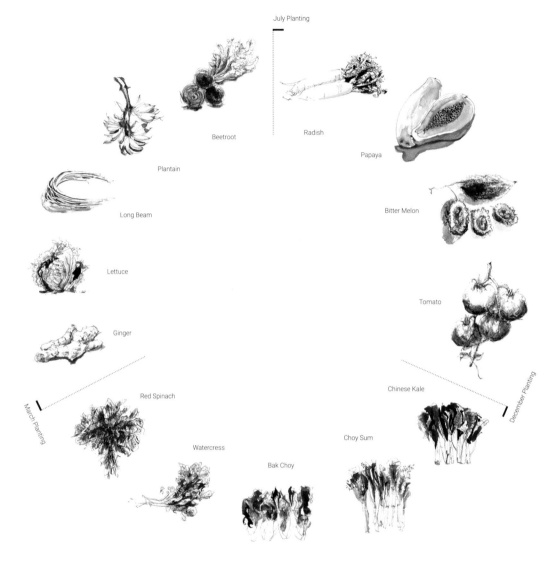

Proposed growing cycle of some edible vegetation suitable for the land and climate of Hong Kong, divided into December planting, March planting and July planting. These are the vegetables still being grown in some of the remote farmlands.

Dory Fish Flathead Mullet Yuen Long Rice Oyster

Agricultural memory of Hong Kong: some of the species once very common across Hong Kong farmlands. Due to various social and economic factors, they are not so available nowadays, and thus becoming a memory among Hongkongers.

建筑语言

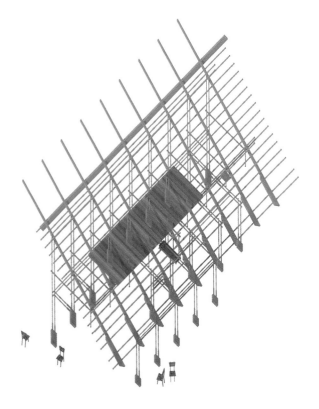
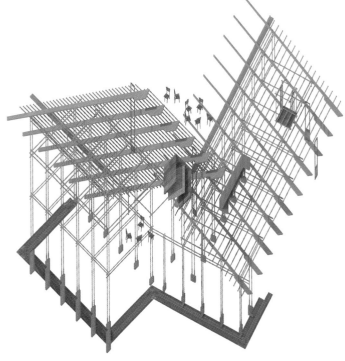

	Directional Labyrinth		Observe and Interact
			Catch and Store Energy
	Gravity: the Unflat Ground		Obtain a Yield
			Use and value Renewable Resources and Services
	Three levels of Knowledge		Produce No Waste
			Design from Patterns to Details
	Opposition: Contrasts in Material, Form and Light		Integrate rather than Segregate
			Use Small and Slow Solutions
	rugality: Labour and Participation		Use Edges and Value the Marginal

008

采用简朴而可再生的建筑材料：夯土、竹棚和树枝

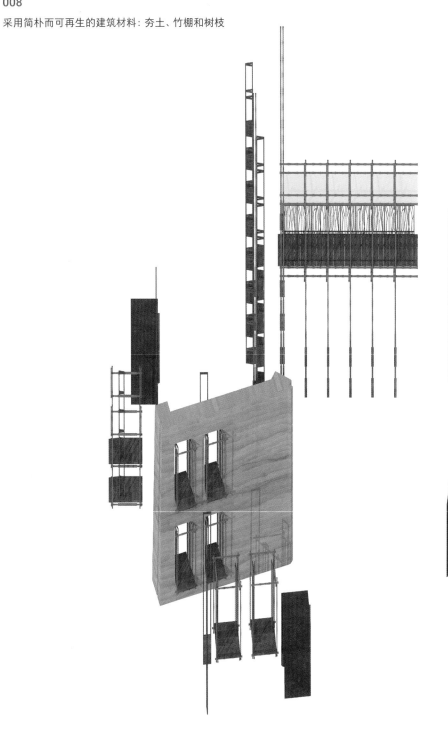

Material Thriftiness:
Rammed Earth, Bamboo Scaffolding, Twigs and Thatching

(Above) Components in Axonometrics

How to design a building that does not focus on its material presence—against materialism? How to design the emptiness of a building—of its space, movement and journey? A classical paradox: is it the negative space of a bowl that makes the bowl functioning as a bowl, or is it the material presence of the bowl itself making it a bowl? If a piece of architecture is to be designed as thrifty as possible, what material should it adopt?

Rammed earth: building from landscape. Bamboo: a local material known for fast growth rate and sustainability, commonly used as construction scaffolding. Twigs: to be collected around the forest. Thatching: thick and primitive.

阅览室初稿：平面、立面和剖面

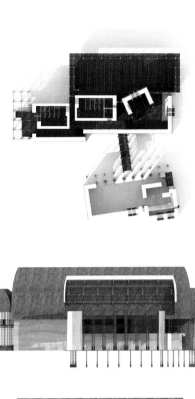
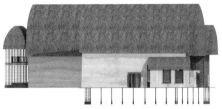

横剖面（日间）

012
基地地图

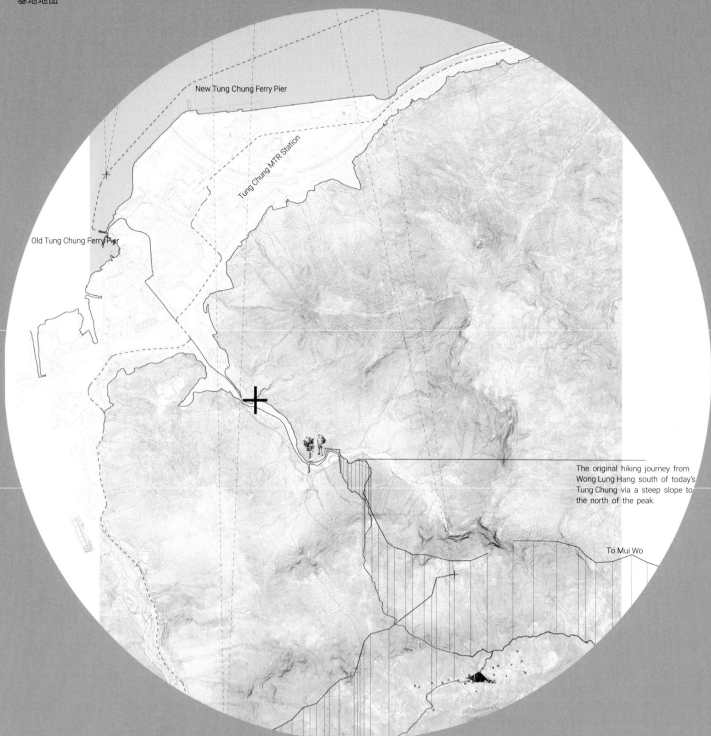

013
各建筑部分平剖面

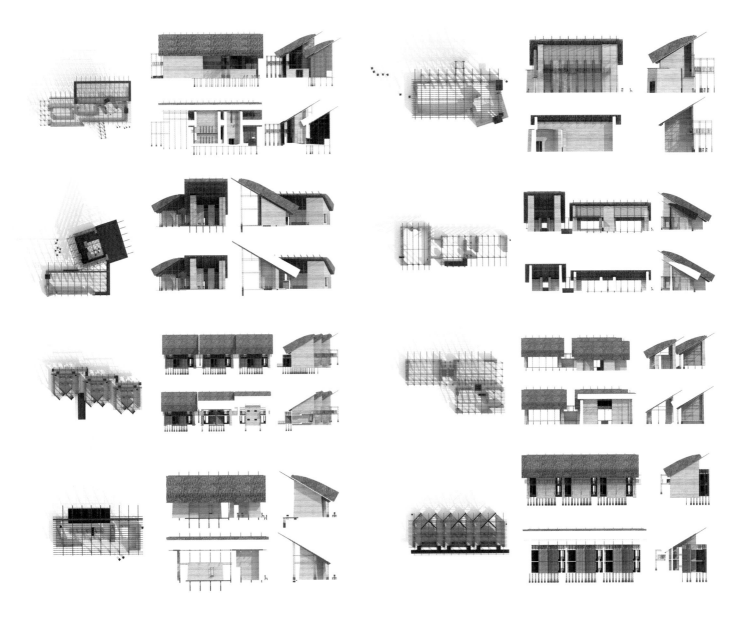

平面图

Entrance
1. Handcraft Store
2. Viewing Platform
3. Visitor Centre

Hostel
4. Hostel Corridor
5. Living Room
6. Bedroom
7. Balcony
8. Kitchenette
9. Bathroom
10. Courtyard
11. Staircase

Cultural Cluster
12. Bridge
13. Green Kitchen and Restaurant
14. Cold Room
15. Main Gathering Hall
16. Courtyard
17. Storage
18. Workshop
19. Entrance to Library
20. Courtyard
21. Library
22. Viewing Platform
23. Accessible Toilet
24. Workshop Storage
25. Male Lavatory and Changing Room
26. Female Lavatory and Changing Room
27. Swimming Pool
28. ELV Room
29. ELE Room
30. Staircase
31. Accessible Platform

Commune Dwelling Units
32. Bridge
33. Commune Living Room
34. Bedroom
35. Balcony
36. Kitchenette
37. Bathroom
38. Courtyard
39. Corridor

Commune Facilities
40. Covered Corridor
41. Rice Fields
42. Open Gathering Square
43. Exhibition Room
44. Courtyard
45. Classroom
46. ELV Room
47. ELE Room
48. Courtyard
49. Meeting Room
50. Main Storage
51. Cafe
52. Kitchen
53. Bicycle Shelter
54. Open Farm Market

沿山路经过公社入口

工作室及画廊

河边

图书馆

纵剖面（晚间）

019

一头牛的离去

营造过程

土地讲述身份语言：库思科语言学校
Land Speaks Identity: A Language School in Cusco

作者：贾曼
时间：2016 年 夏 — 2017 年 春
地点：秘鲁

在研一向研二过渡的暑假里，我帮组里导师做一个研究项目，研究的主题是发展中国家原生文明标记和解构的文化意义。虽然这听起来是一个有点非主流的话题，却让我思考：当我们置身于完全不同的文化背景，除了像一个普通游客一样走马观花地参观一些景点、建筑与工艺品外，我们该如何深入了解装饰背后的历史、记忆以及意义。

2017 年的大年夜，在飞机上匆匆而又简单地享用了年夜饭，我随组内的基地考察队来到了南半球另一个完全陌生的国度——秘鲁。像南美许多国家一样，巨大的贫富差距体现在秘鲁每一座城市的每个角落。山脚下现代化的写字楼与山腰上密集紧凑的贫民窟遥相呼应。而作为这个国家文化符号的古印加文明，变成了旅游景区里只供游客参观拍照的一个角度而已。甚至秘鲁的土著居民——克丘亚人，他们也不再关心自己失落的文化身份特征。原住民的身份于他们而言，更多的是用来争夺土地和资源的一个政治武器而已。

然而，在秘鲁旅途调研中，我更多地了解到古印加文明的魅力。对于古印加人来说，土地不仅仅是用于生产创造财富的工具，土地和一切自然景观都是神圣而有生命的。而印加人将这种象征意义加密在景观设计里。他们打磨和雕刻石块，把这些石块有组织地放在自然景观旁边：有些石块用于标记道路，有些用来记录历史，有些又作为自然与人沟通的媒介。这些石块被留存，而后人可以从景观中解读土地的文化意义。

于是，"标记土地"（Land-Mark）变成了我论文和设计的出发点。这个设计项目从研究秘鲁土著文化——克丘亚文化开始，探讨景观建筑与土著文化和土地冲突的关系。最终的设计成果是在秘鲁库思科的一所克丘亚语言学校。本项目试图通过景观设计，尝试用建筑语言来唤起克丘亚种族的身份认同及调解土地纠纷。

023

库思科语言学校轴测图

khipu

landscape

textile

 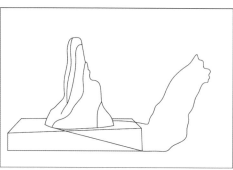

1. Huacas as cosmological markers
That the human sphere is intervened in by metaphysical characters is intended to be remembered through rocks in their natural form or which have been carved. Here, the huacas act as focal points in the collective Inca memory.

 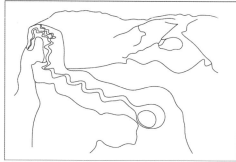

2. Huacas as markers of mediation
Sites of paranormal and human interaction comprise the second form of huacas. Sacrificial ceremonies or other offering may be performed on the huaca that acts as an altar, or they may act as meditative mechanisms.

 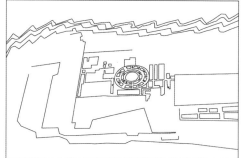

3. Huacas as markers of identity
Particular forms of identity may also be implied by the physical manifestation of the huaca in a certain location, creating the third form. A particular location's Inca character may be embodied in a huaca, in its most striking and clear form.

追溯克丘亚语：以 Huacas 来表达身份象征

克丘亚语言是古印加人使用的语言，是现在秘鲁的土著语言，同时也是第二官方语言。可是直到如今，克丘亚语言并没有自己的文字和任何书面记录。所以，景观是他们叙述历史和集体记忆的方式。从过去的殖民化，到如今的资源开发和土地私有化，越来越多的克丘亚土著流离失所。因此，土著身份激活和强调在当今的城市化进程里也被格外强调。

Mountain: A sacred and inviolable anchor

Water: irrigation canals / source of life

Grassland: livehood resource for pastoral life

Rock: The engrave of history and memory

Apachata: the demarcation of land ownership/ direction guide

土地的象征性：景观是沟通自然与人文环境的桥梁

  我这个项目关键词是"土地标记"。为了探索这个概念，我先是设计了一个小型的实验性项目：一个矿区的小驿站。这个小项目更多的是一个激发性的旅途设计，激活矿业冲突区域里流离失所的人们的身份认同感，从而让他们回归自己的土地。扎根于人造边界的交点上，此项目作为一个土地标记，去强调土地所有权。同时，该项目强调建造一个抽象化的土地特征目录表，并重新组织土地特征语言。利用 CNC 技术来雕刻土地语言，景观中的边界开始模糊。从此，边界不再是间隔符，而变成了沟通不同种族和文化的桥梁。

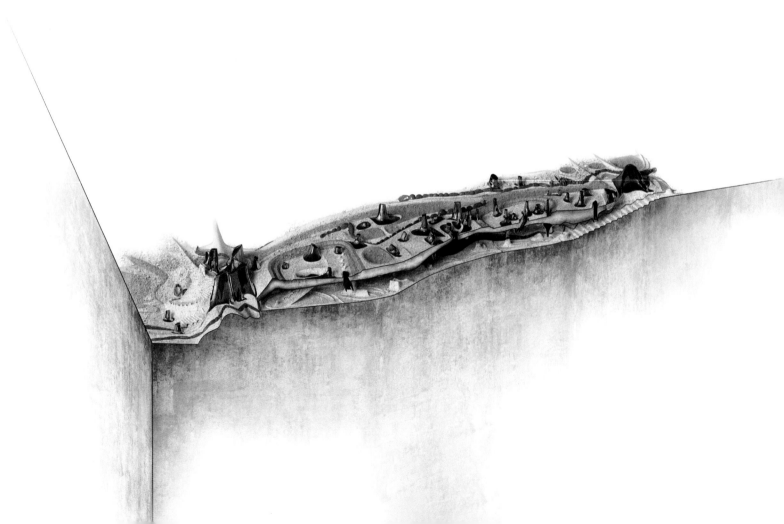

027

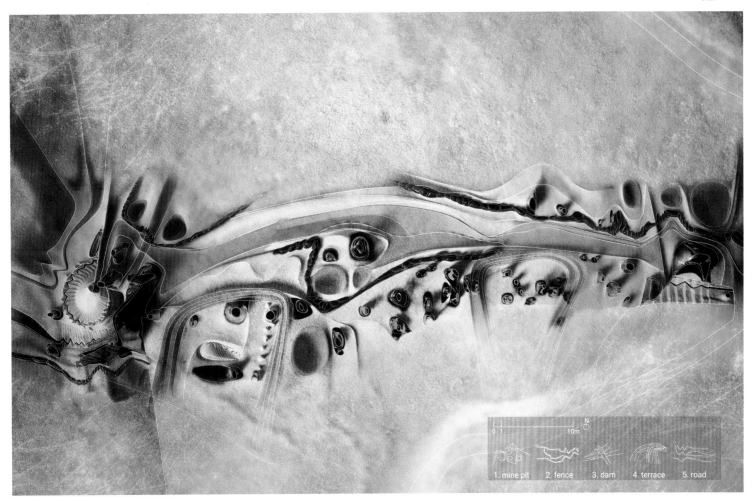

一层平面图

剖面图

028

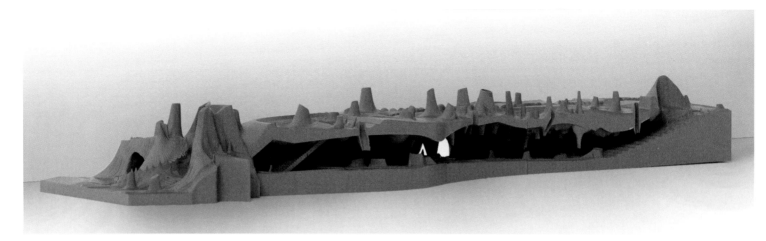

CNC 精雕模型

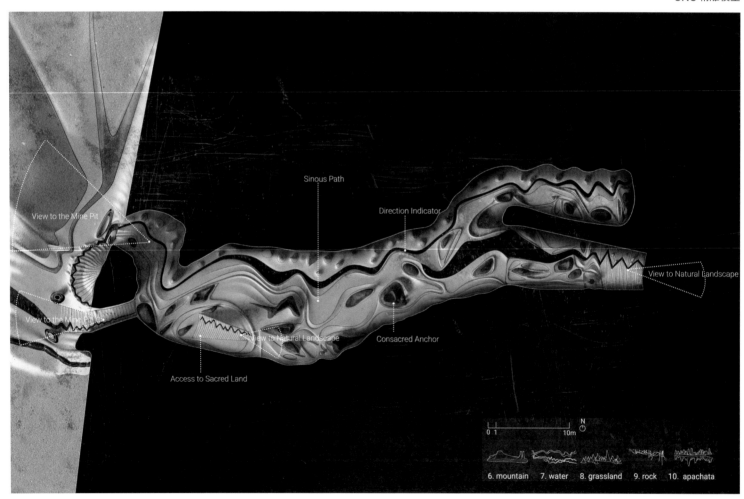

地下层平面

"绿色纽带"规划项目

在库思科的基地调研中,我继续研究土地标记的概念。库思科是一个印加考古遗址丰富、旅游业蓬勃发展的城市。如今的城市规划师却用完全不同的方式去标记土地,他们在城市边缘划下一道边界,用一个"绿色纽带"的项目,来控制城市郊区里土著居民住宅的扩张。

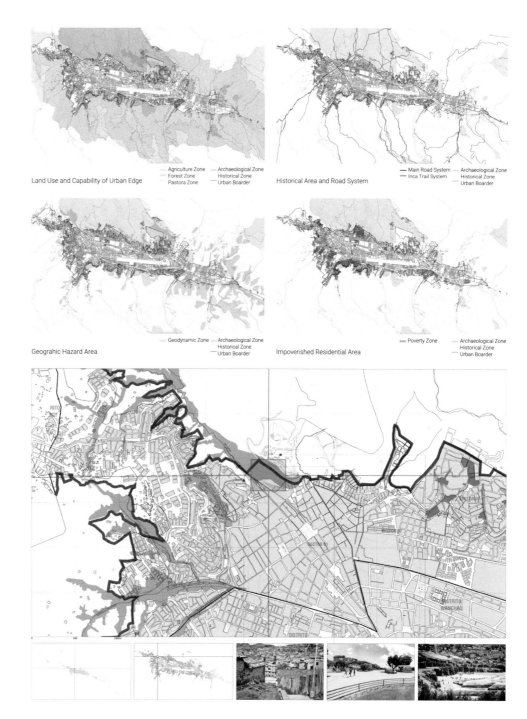

Land Use and Capability of Urban Edge

Historical Area and Road System

Geograhic Hazard Area

Impoverished Residential Area

所以我希望，能够把这个边界模糊成一个语言学校的项目，并且让这个语言学校来阐述土著人民对身份认同的需求。

031

库思科语言学校剖面图

032
新 Huaca：安第斯景观中的土地标记和语言学校里的知识标记

我设计了一条有着许多可读性标记的长廊。这些标记的设计灵感来源于印加景观文化语言。比如，印加人会打磨石头，做成类似镜面的浅蓄水池来反映天空的天体运动。在我的项目里，这些池塘被用来标记回顾知识的瞬间。在学习一门语言的过程中，有知识的获得、传播、消化等过程，这些富有象征意义的标记也被有针对性地排列在景观走廊里。从而这个景观走廊也变成了学习的过程，抽象的知识和空间形式在这个过程里被一一对接。

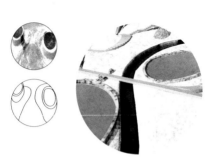

Basin: providing cosmology knowledge by reflecting the sky and celestials.

Frame: freezing the scene experience by framing a view towards natural landscape.

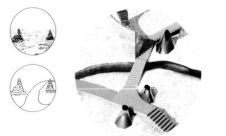

Signal: indicating the moment of decision marking by marking the corner and cross.

Prism: revising the landscape knowledge by repeating the sun-shading forms.

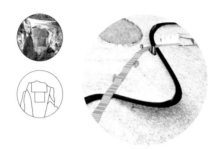

Bench: offering a mediation space by pausing a long walkway.

Vessel: gathering people by providing a communal/ritual space to connect people with nature.

033
土地标记的排布

Knowledge Acquisition

Knowledge Spread

Knowledge Digestion

这个走道的设计同时也是为了连接山顶的考古遗迹、山中间的克丘亚居民区，以及山脚下的旅游历史保护区。蜿蜒的山路成为学校里不同功能的划分，同时也构成了室内外的过渡区。学校各个部分的室内设计也试图承载土著文化。比如，图书馆的设计试图在室内引入自然元素，即河流般的天顶采光、岩石般的座椅等。

研究交流中心

图书馆

儿童教室

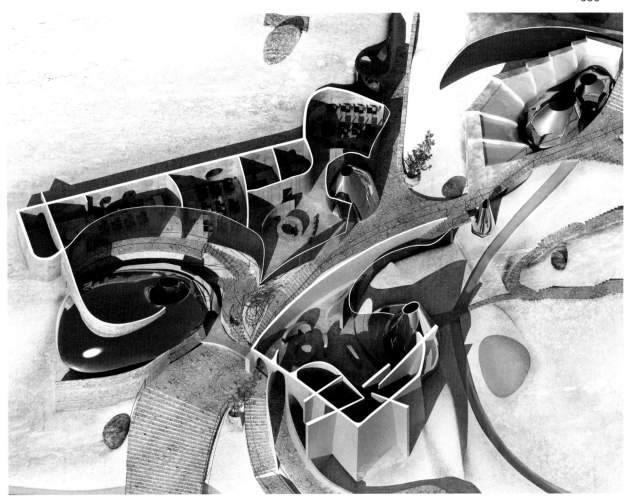

研究交流中心

图书馆

儿童教室

同时，由于项目在库思科市郊的山腰上，从这里可以俯瞰整个城市。而对于城市游客来说，他们在市中心也可以遥遥地看到这个景观。从而克丘亚文化被传播、景观讲述身份的概念被再一次强调。

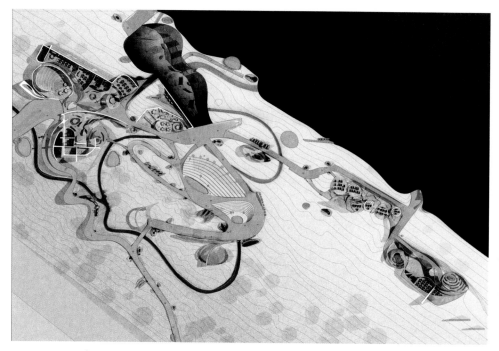

平面图

餐厅

报告厅

狂欢节剧院
Carnival Theater

作者：张思达
时间：2016 年 春
地点：纽约

写这篇文章的时候，我正好在公司做一个剧院竞赛，正值交图前的最后一个星期。在竞赛过程中，我们集众人之力，尝试了各种不同的体量、表皮和文化隐喻。目前，方案还在不断调整、更改、创新。

相比之下，作为一个学生作业，狂欢节剧院更加有趣。原因在于它有一个"天外飞仙"的主题——狂欢节。一方面它的不切实际：一个为文化小众服务的作品比一个国家级文化符号有更多的导向性、个性，以流行文化挑战官方文化，一视同仁地解读美和丑、新和旧、整齐和混乱、积极和堕落；另一方面在于剧院和狂欢节如同相切的两个圆，终日背道而驰，但在切点碰撞出火花，就是观和演之间的临界点。

在传统剧院中，观演之间界限明显，舞台和观众席一步之遥，却感觉无比遥远。在日本歌舞伎剧院中，演员会从类似 T 台的廊桥上，穿过观众席，到达舞台。这个廊桥让观演的界限模糊，把观众带入虚构的世界里。Lucerne Passion Plays 中，观众和演员在同一个空间里，从前面、侧面、背面、各个角度观看表演，观众是舞台背景的同时形象也被印在演出场景里。在欧洲中世纪狂欢节中，每个人都有双重身份：演员和观众，角色和自我相互叠加，创造不断变化的真实和虚幻。人际关系颠倒，傻子被加冕成国王，是非混乱，敌我不分。狂欢节的空间是怎样的？可能是错综复杂的城堡，难以预测的迷宫，步移景异的苏州园林？可能是尺度上的失调，次序上的颠倒，或者特殊的象征含义。

诡异和形态怪异是狂欢节的实质，比如巨人、小丑、人偶、面具等。通过感官刺激激发好奇心和欲望。诡异来源于熟悉事物发生某种变异，最典型的是人类肢体、器官的改变。如果建筑和人体能够类比，如帕拉迪奥经典比例或者建筑仿生学涉及的内容，那么诡异的建筑空间就是建筑中产生的变异。在影视作品中，常常出现废墟、旧宅、工厂、墓地、游乐园等场景。

狂欢节是欧洲中世纪和文艺复兴时期的民间节庆活动，类似中国的庙会。Bakhtin 将狂欢的特质扩展到文学作品中，形成狂欢节理论。狂欢节的架构，比如性格颠倒、滑稽模仿、戏谑权势等，在时尚、艺术、建筑等层面都有所涉及。在这次课程设计中的引用是一次有趣的尝试。

x-ray 叠加

"A modern curiosity of opera is that we spend vast amounts on theaters customized with all the comforts and amenities the art form needs, only to get excited by the prospect of performances in train sheds. It is the thrill of living rough."
— **Michael White**

纽约布鲁克林的布什威克原是工业区，现今转型为居住休闲地带，城市形态由规整的形状变为碎片，工业厂房被改成餐馆、咖啡馆、零售店，隔离墙变成涂鸦墙，等等。新旧更迭中，建筑承载着人们对工业时代的共同记忆。

将记忆放大，在城市中构建舞台。通过重新组织场地上的功能、事件，剧院以现有建筑为基地，以寄生身份，将新旧不同的片段错位、搭接、混合身份、消灭阶级、破坏规范。狂欢节剧院不仅为了观看演出，同时让每个人呈现自己的演出。

狂欢节的空间位于现有建筑和新建建筑的夹层中。旧建筑有住宅Roberta's Pizza及菜园、Fine&Raw巧克力店、Eastern District画廊、Heritage电台，等等。新建筑有两个剧场、后台和附属功能。夹层内化了现状的杂乱无章和新介入的突兀之间的碰撞。舞台、密道、暗门，建筑之间的拥挤空间成为狂欢、游行、逃离、沉浸的主要场所。

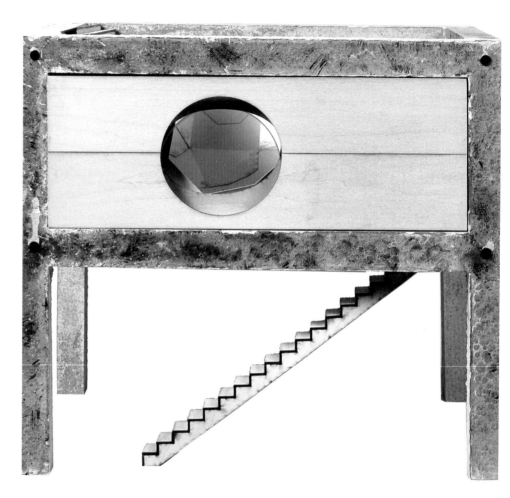

内院景象

场景

Set piece 练习是通过创造剧院内的一个空间或物体，解读剧院、场地和演出之间的关系。演出题目是法国作家莫里哀的喜剧作品《愤世嫉俗者》。

1. 作品主要描绘17世纪法国上层社会人们的"奉承"和"虚情假意"。
2. 场景中舞台和现有结构之间呈寄生关系：场景本身光滑的形状，以及通过透镜看到的扭曲景象，同时作用在感官层面，激发观众对欺骗、谎言的想象。
3. 功能层面，该场景是人们进入主要剧场的必经之路，从不同的角度可以欣赏场景内的演出。

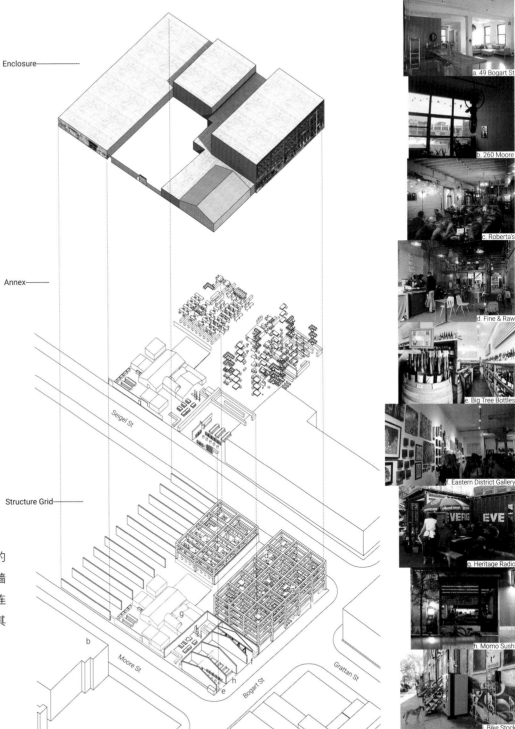

程序

现有场地经历从工业主导到文娱主导的转换。工厂变成商店、餐厅、住房,隔离墙变成涂鸦墙,区域中的边界变得模糊且不连续。新功能进入旧的建筑城市框架,并对其进行改造。

接近过程中不规则的门槛、涂鸦、标志和建筑组件

舞会

49 Bogart St 是 1931 年建造的软木工厂，后改造为居民楼。标志性立面仍然存在，并被叠加了涂鸦等各种标志。立面的标志性与这个地区的特性非常吻合。正对立面的 Granttan St 作为视觉通廊。

剧院放弃自己的画面，主入口寄生在现有立面上，与该建筑共享身份。

道具

柔软、边界模糊的"毯子"收集了五花八门的场地现有功能，创造共用空间，并与新空间产生联系。

从 set piece 演变、功能的寄生和新旧结构的并置自发产生从混乱到特殊的一系列空间和流线。

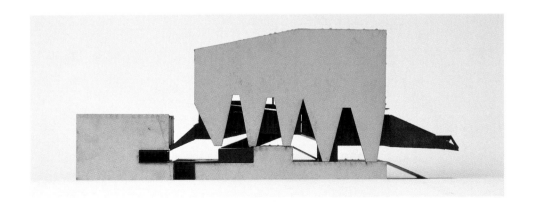

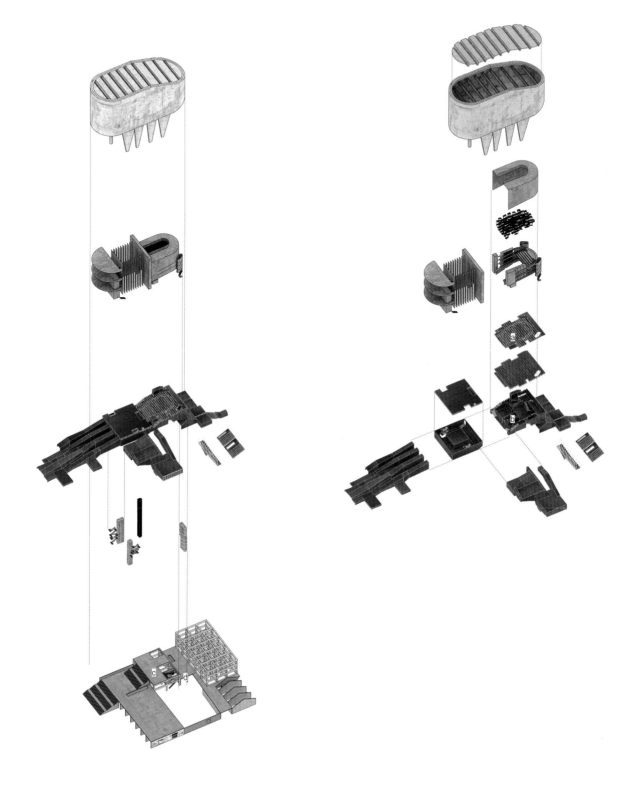

收场

"毯子"是一个铁盒子，容纳后台、工作室等空间。内部流线和空间与外界隔离，对观众不可知。但其外壳是城市空间的延续，并与现有建筑围合形成室外观演场所。使用工业金属板和工字钢，用工业建筑的符号折射历史，让观众徘徊在该地区的过去和今天、回忆和现实。

由此，新旧"废墟"相互组合，形成狂欢节式空间，消灭层级和社会规范。每个参与者观众和演员的身份不断交替重合。

在狂欢节中的所有结构都可以被公共化。一个空间应具有抓住人们活动的瞬时性和动态性的特质。粗糙的材质表面、暴露的结构、冗余的空间能够孕育偶然，由此形成自发的戏剧关系。

和"毯子"不同，顶层的大剧院容纳明确的剧场空间，在外围的公共区域可以看到周围街区的全景。从城市的角度，这个匿名的巨大体量呈现了超常的形象，同时指示了终点的所在。

a. Grand Auditorium

b. Dance Studio

c. Exhibition Level with City View

d. Foyer

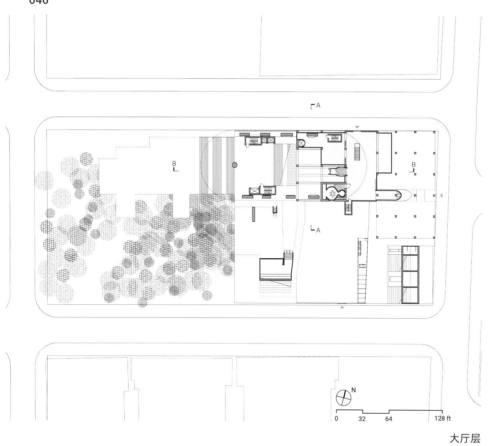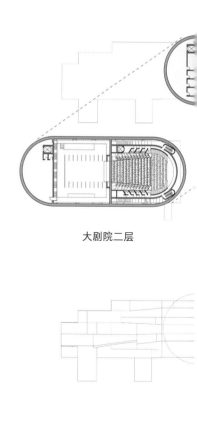

大剧院二层

大厅层

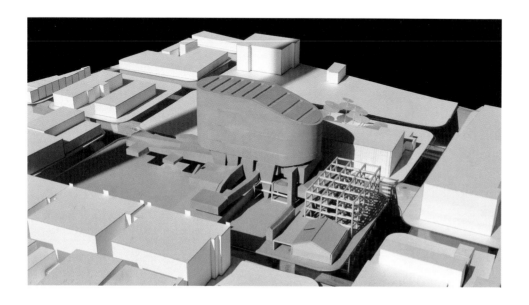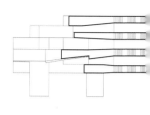

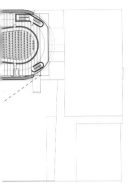

大剧院一层

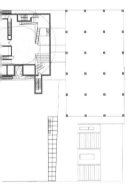

工作层

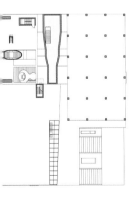

展览层

首场

走进月亮门，从熟悉的建筑物内部穿过，隐藏的通道将您带到后面的巨大混凝土体量，演出正式开始。

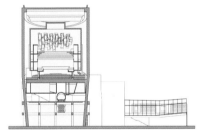

A-A 剖面

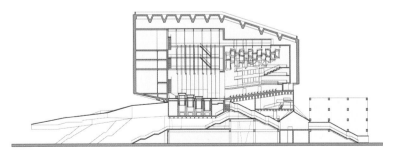

B-B 剖面

片刻停留
Extended Ground
作者：吕嘉琦
时间：2016 年 冬
地点：中国香港

  Extended Ground 选址在中国香港两栋高楼间的夹缝之中，这里探讨的是中介空间的意义。为什么要选在香港？不仅是因为设计者对这座城市有很多的好奇，更是由于这样的高密度城市就像一个巨大的试验场，每天都上演着各种关乎人与空间的对话。环境越极致，越能激发设计者对于空间和人之间关系的思考。因此选址于此，选择一个极致小的尺度，认真地思考如何赋予空间存在的意义。

  任何空间的存在都会承载一定的社会意义，尤其在香港这么一个弹丸之地、寸土寸金的地方，每一处空间的出现最好都有着足够的社会意义，以便理直气壮地占据一席之地。基地所在之处是香港的老城区，这里除了一座座高耸入云的高楼和各式各样的店铺以外，公共空间的配比少之又少，更不会有像内地遍地可见的晚间广场舞集会。在香港，公共空间似乎都是在夹缝中求生存。

  正当我埋首苦读关于香港的大小文章，求索空间的生存意义时，何藩去世的消息传来，在那段时间只要关于香港的消息，我都会两眼放光。那也是我第一次认识何藩——香港著名的摄影师。我开始大量地看关于何藩的纪录片、摄影作品，去了解他眼中的香港，他眼中的大都市小人物。何藩镜头里对于光影变化的精准捕捉，对于香港独特市井生活的灵敏嗅觉，深深地触动了我。的确，在这座繁华的大都市里，鲜有人会记得过去港人力争上游的奋斗生活，而他用镜头记录下了这一切。与何藩不同的是，我要做的是从建筑的角度记录和呈现。

  结合本人对于建筑材料的些许了解，我想到了运用半透明混凝土 Liracon。这种材料可以允许光线穿过，每到夜晚，建筑内部使用者的生活场景会被室内灯光投影在 Litracon 立面上。Litracon 面板不仅是建筑的围护结构，对于外部的人来讲更是一块巨大的屏幕：每时每刻上演着香港的市井生活，记录着最真实的港人生活状态。建筑里的人在看电影，电影里演着虚拟世界的万千种种，建筑外的人从街上经过，看着 Litracon 上投影出的现实世界里的真实生活。建筑里的人是观众，也是生活这场戏里的主角。通过对香港市井生活多层次的解读和呈现，唤醒一辈港人对于曾经奋斗生活的记忆。这就是此处空间所承载的意义。

立面夜景

050

手工模型

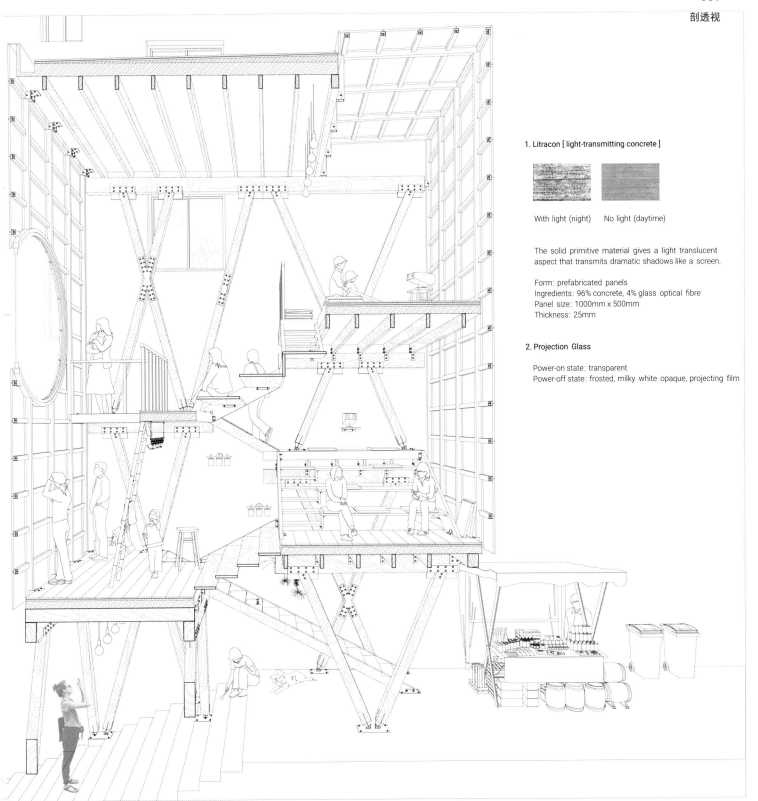

剖透视

1. Litracon [light-transmitting concrete]

With light (night)　　No light (daytime)

The solid primitive material gives a light translucent aspect that transmits dramatic shadows like a screen.

Form: prefabricated panels
Ingredients: 96% concrete, 4% glass optical fibre
Panel size: 1000mm x 500mm
Thickness: 25mm

2. Projection Glass

Power-on state: transparent
Power-off state: frosted, milky white opaque, projecting film

052
细部构造

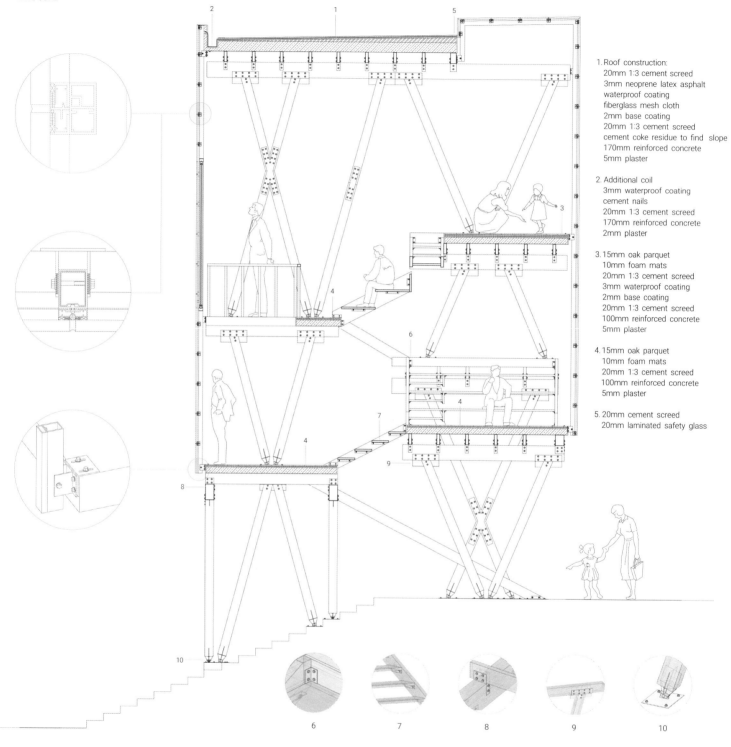

1. Roof construction:
   20mm 1:3 cement screed
   3mm neoprene latex asphalt
   waterproof coating
   fiberglass mesh cloth
   2mm base coating
   20mm 1:3 cement screed
   cement coke residue to find slope
   170mm reinforced concrete
   5mm plaster

2. Additional coil
   3mm waterproof coating
   cement nails
   20mm 1:3 cement screed
   170mm reinforced concrete
   2mm plaster

3. 15mm oak parquet
   10mm foam mats
   20mm 1:3 cement screed
   3mm waterproof coating
   2mm base coating
   20mm 1:3 cement screed
   100mm reinforced concrete
   5mm plaster

4. 15mm oak parquet
   10mm foam mats
   20mm 1:3 cement screed
   100mm reinforced concrete
   5mm plaster

5. 20mm cement screed
   20mm laminated safety glass

空间之旅

  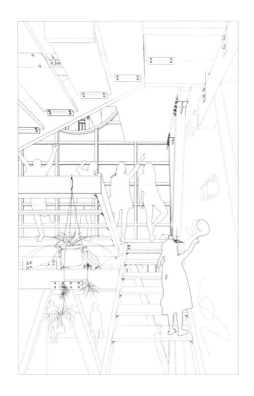

场　景：入口
表演者：居民
时　间：晚上

晚上，人们返家途中长长的巷道是他们的必经之路，空间单调无聊又充斥着各种不安全因素。在这里加入木结构不仅可以丰富空间层次，同时还可以让返家的路途更加有趣、温馨。

场　景：建筑背面巷道
表演者：居民　摊贩
时　间：白天

早上，居民出门工作，各式早点摊铺开始为人们准备早餐。Litracon 立面在早晨看起来就是正常的混凝土墙面，完全不同于晚上的情景。

场　景：Litracon 体验区
表演者：小孩　成年人
时　间：白天 / 晚上

建筑的核心空间是 Litracon 材料体验区。晚上，室内光线透过 Litracon，室外的人可以看到投影在立面上由室内人们的生活场景组成的"皮影戏"。

空间之旅

  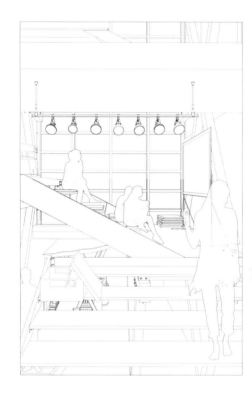

场　景：聚集 / 放映电影
表演者：观众
时　间：白天

场　景：放映电影
表演者：观众
时　间：晚上 / 白天

场　景：玩游戏 / 放映电影
表演者：小孩　成年人
时　间：晚上

　　建筑中第一个放映区在二层，这里不仅可以作为电影放映的场所，也可以举办一些关乎生活小技能的讲座。

　　建筑中第二个放映区在三层，是主要的放映区。电影被投影在投影玻璃上，可供室内与室外的人观看。

　　孩子们放学后，这个空间可以为那些父母不在家或忘记带钥匙的孩子提供一个短暂休息玩耍的场所。他们在这里可以和小伙伴们一起玩皮影戏或者坐下来看看动画片。

内与外

Litracon，一种神秘的材料，把阳光收集和储存在一个小的公共区域内，为经过此处的人们带来快乐。

青海玉树震后纪念性公墓
The Memorial Cemetery of Post-Earthquake in Yushu county

作者：付冲
时间：2016年 春
地点：玉树

　　死亡，是我自有个人意识以来一直经常冥想的话题。思考它，没有常人谈"死"色变的恐惧，反而让我能更加冷静地认识世界，以及理解自己与世界的关系。与其说此设计作品"纪念性公墓"是由一系列新的建筑活动空间组成，倒不如理解为我多年来对死亡的思考。

　　作为人类存在的一种形式，死亡这个概念在多数人眼中是一种模糊的记忆或者印象，抑或是一种经验的盲区，从而导致我们在社会层面和心理层面，对死亡缺少一种较为深刻的认知。更有甚者，不愿直面死亡存在这一物理或现象现实。鉴于此，如何以一种能让多数人（参观者）在潜意识接受的状态下，直面死亡的存在，是促成我重新定义公墓空间的起因。

　　在传统社会学与人类学定义中，死亡被认为是人类行为终结的标志，意味着生与死两种不同形态的出现，也是两者之间冲突的开始。基于此，我开始思忖不同类型的宗教空间，纪念性空间是如何定义生与死的关系的。不幸的是，多数与死亡或者神有关的空间都是内向型的，刻意拉开与生者之间的距离，其恰好也反证了社会学意义所赋予的两者之间疏离的关系。这种设计策略背后隐藏的是当前的生者对死亡在一定程度上的曲解，误将死亡当作一种无法交流的对象，更是生者不可触碰的禁区。

　　就我本人的经验与观察而言，目前的公墓可以称之为"单触感"空间，即多数情况下，当参观者去公墓祭奠或者怀念逝者的时候，往往是以一种不自觉的悲伤感回忆与死者的种种经历或者记忆。这种预设式的公墓特点，经常会忽略公墓本身的积极属性。

　　此类依存并且受社会世俗层面影响而形成的生者与死者的单触感交流模式是肤浅与充满形式感的，这种常规模式是不具备深刻体会死亡所带给我们种种启示的潜力的。诸如，如何改观我们对生命的态度通过与死者的交流，如何回顾我们的前半生，如何建立自己与逝者的关系，等等，皆是公墓这一建筑类型在当代社会语境下应当对生者呈现的启示。

　　我尝试将"单触感"的公墓形象（注重生者单方面思维的想象）深化为"多触感"的空间（注重生者多角度的实体参与），便是我对死亡的抽象思考在建筑层面上的体现。当参观者在此纪念性公墓中，按照一定的空间叙事性流线，体验"触之室、听之室、看之室"，驻足于"纪念墙"之后，其全身器官被这多触感的空间一一激活，从而最终在"沉思室"达到反思生与死关系的高潮。当参观者结束了反思过程（而不是常规意义的怀念过程），站在"沉思室"外的平台上，近看池塘里的游鱼，远看山体上的绿树，于是渐生对死者的释怀之心和对生活的积极心态。

　　此之为"向死而生"的思考过程。

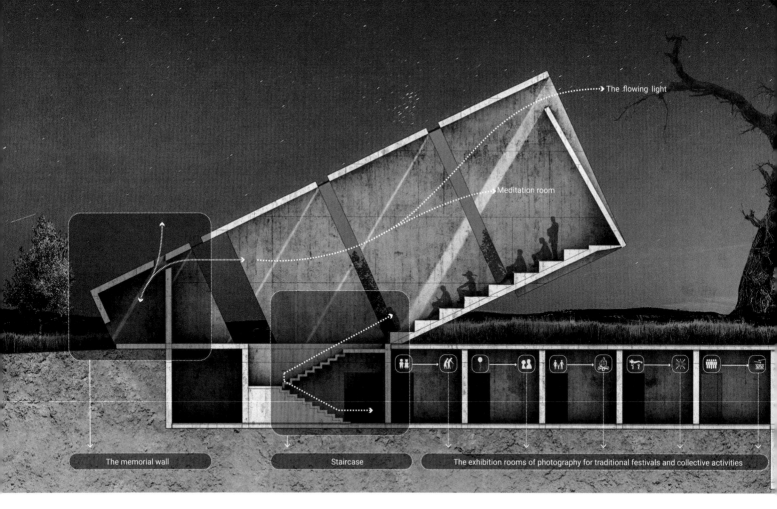

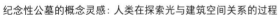

纪念性公墓的概念灵感：人类在探索光与建筑空间关系的过程　　　　　　初始概念　　　　　新的活动标示系统

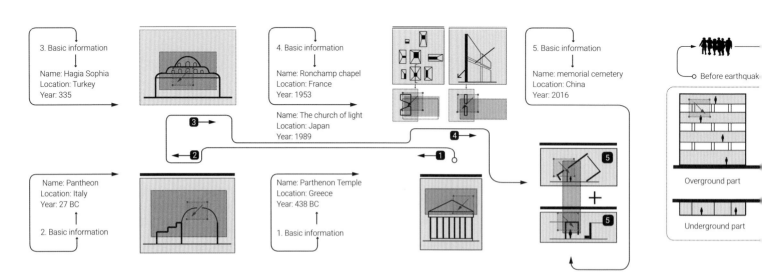

NOTE1: The different gray blocks below show the distance between heaven and humankind. The more white the closer; the darker, the farther.

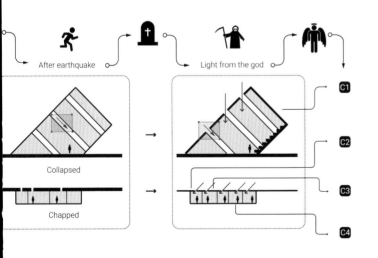

NOTE2: On April 14, 2010, an earthquake struck Yushu County, Qinghai, China, which shocked both Chinese and foreigners.

C1 The room of Meditation C2 The room of Touching
C3 The room of Watching   C4 The room of Listening

记忆之树

Next to the memorial cemetery is an ancient Populus euphratica, which produces many different fruits of memory. Maybe the memorial cemetery is just a reminder of memory, while Populus euphratica is the memory and spiritual climax. Sometimes more important than the memorial cemetery.

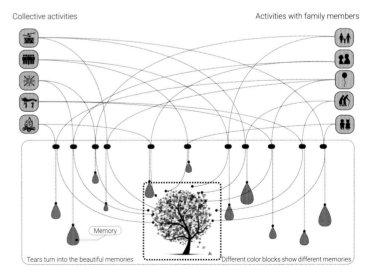

062

地震灾区的地理性分析

The wounded and dead people
Unhappy memories
Disaster areas
Happy memories
Survivors

1. Destroyed area plan [Yushu County] is devided into abstract contour plots.

2. Based on the data and the field investigation, I recorded all the earthquake disaster spots.

3. We can get the outline of the exhibition hall by drawing the main disaster spots.

4. The exhibition hall is tied to the collective memory of the area and is also part of the locals.

Section Generation

- Below the horizontal
- Provide the exhibition wall
- Create the channels for sun/moonlight
- Optimize the space section for the inside sight line getting to the memory symbols.

memory symbol

人类学研究分析

N — The master plan of disaster area

Light disaster area | Medium disaster area | Heavy disaster area | The main rescue route | Rescue site | Volunteer | Rescue worker | Doctor

"实体路径"概念的生成策略

动态活动系统类型 1

The boy who lost his mother uses his touch to communicate with his mother.

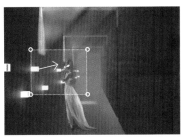

The lady who lost her husband uses her auditory sense to communicate with her husband.

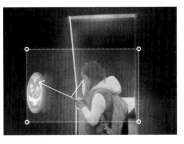

The girl who lost her father uses her cellphone to communicate with her father.

The woman who lost her friend uses her optesthesia to communicate with her friend.

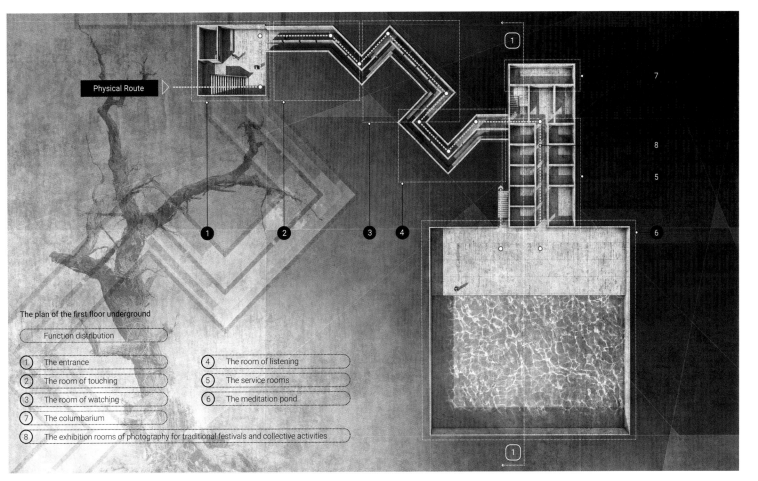

The plan of the first floor underground

Function distribution

1. The entrance
2. The room of touching
3. The room of watching
4. The room of listening
5. The service rooms
6. The meditation pond
7. The columbarium
8. The exhibition rooms of photography for traditional festivals and collective activities

"虚拟路径"概念的生成策略

概念：从个体性记忆到集体性记忆

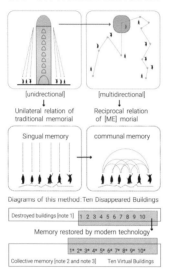

虚拟路径系统的三要素

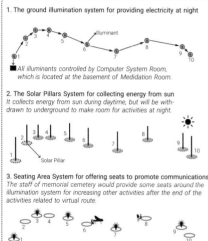

虚拟建筑的案例展示

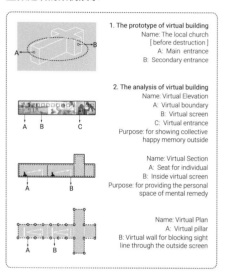

关于十幢受损建筑的细节

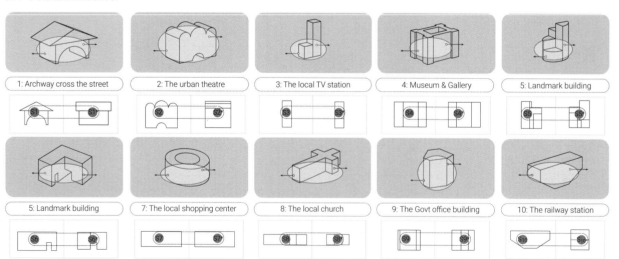

策略：从消失到再现

在青海玉树地震中，有很多建筑被摧毁，其中包括被当地人所熟知的十幢建筑。作为一个建筑师，我通过运用现代科技再现这十幢受损建筑的轮廓，使当地人在夜晚可以近距离地与这十座虚拟建筑互动。虚拟路径一般出现在夜晚，而在白天消失。

动态活动系统类型 2：基于虚拟路径的"生与死交流"

动词博物馆 / 张森
A Museum of Verbs
市场图书馆 / Florence Lam
Market Library
包容的飞地 | 嵌套的飞地 / 杨铭川
Enclave of Inclusion | Nested Enclaves
城市奇景 / 王雨田团队
Urban Wonders

带着铁拐钥匙摸到第二层的锁头，手马上缩了回来。原来第二把锁掉漆翻皮，尖得扎手，仔细看好像还有令人不安的抓痕。我尽量不去想什么样的人会使劲把油漆抓掉，留下干干的指纹。捅进钥匙，锁头挣扎了两下就屈服打开了，看来是累了。

这次抽屉里面躺着一本词典、一张借书卡、一纸写着蘑菇配方的菜谱和去南京的火车票。在抽屉正中间摆着一把黑色的长条钥匙。

跟室友闹变扭的时候差不多是过山车。生活习惯不一样的话，家永远不够大，住在客厅那段时间，空间特别拮据，客厅的墙还没有来得及架，这样有限的空间里关上两个不同的"孔乙己"似的人，闭眼都能闻到吵架声。室友骂我凌晨两点十三分吵醒他，因为在厕所里开电动牙刷刷牙，声音大得像挖地铁。报复心切的他就成了家里的耗子。说好煮冻饺子应该有数的，但趁我不在他每次说煮八个实际上拿九个，跟我打家居的时间差。后来账对不上的时候索性就都不想，一起下馆子，我们客气起来令人"羡慕"。
"昨儿你炝锅辣椒几个意思，烟都飘我屋里了，我又不能吃辣！"
"那是家里空间有限，空气算不算空间啊。再说你睡得太早，以后别那么早回来，好不容易不架拐了还不晚上多出去。"
"哎我说，我走我的，但是管好你的蓝牙没？看片子老把蓝牙往我屋子音响连，这大早起的连个回笼觉都没法睡！"
"它自己识别又不知道领地边界在哪儿，说起来我看不到的地方也是我家啊！"
"都跟这儿住一个屋顶底下你再这样不听话是不是要找倒霉！"
"怕你？揍你到背不出牛三律！"
"二位二位，我们店小，要吵外边吵。不冰的苏打水谁点的？"

动词博物馆——亦逐级的表演艺术中心
A Museum of Verbs—or a Performing Art Center in the power of ten

作者：张森
时间：2016 年 夏
地点：纽约

  如果不是凌晨一点抱着换算回公制精确丈量的 121.92cm x 91.44cm x15.24cm 的二手鞋柜等 M104 路感觉自己很傻很骄傲的瞬间想起来，这件事很可能就忘了。班主任曾经责难过，为什么总有人考不到平均分呢？你们就不能努力吗？

  从会吃鸡腿开始，我就一直想用跟别人不一样的办法生活，越好玩儿越好。有的时候成功，被打。有的时候失败，也被打。屁股隐隐作痛是小事，心中的窃喜其实是真正的动力。鸡腿喂饱了我的肚，片刻的有趣喂饱了我的心。

  上学之后，学到很多最优解，很多经验谈。讲究效率效果，鸡腿越吃越干净。我还以为和大家一样，走向了职业化、专业化的啃鸡大队。但是，为什么总有人考不到平均分呢？为什么心里残存着对平均分的否认呢？

  墨西哥村叔们就着九寸小彩电和西班牙语机顶盒幻想着遥远的纽约和那里的人，纽约的人正在这里悄悄地看着他们。眼下这家简易小馆正在大规模漏雨，七八股小雨从红漆瓦楞板间流入。"咔嚓"两个大雷之后还停了电。独腿的轮椅老板已修了两次，还是败给了雷神。没有电视看，村叔们话题就从国际关系转到有同等重要性的村内新闻：谁家新搞来的漂亮大驴。手机的大铜铃照片广为传阅，一个驴头成了屋里的主要光源，灯塔照亮昏暗。灶台没有停下，在没有眼睛的一刻钟里，曾失业的其他五官都竞争上岗。肉香的黑色中我听到漏雨处滴答滴答落在塑胶地板上，溅满我的毛裤腿。搞不好趁停电我的汤碗又续上了半碗。小朋友们把等身的坑洼铁桶抱到账本上接水，隔壁桌借着手机电筒啃饼。滴答吭哧，这汤真是美味。

  直到供电恢复前，我享受了片刻的雅俗太极。那次墨西哥郊外的夜晚里，没有巧夺天工的方案，却让我记忆胜过任何餐厅范例。在"生活"二字面前，设计苍白得不是一星半点儿。有一组方法论用"性冷淡"的气质占领了设计圈很多个十年。大批追随者拥之簇之，设计美到不知道怎么使用，衣服饭菜都没法上台。打开朋友圈晒，关上朋友圈哭。放啥都嫌乱，搁啥都嫌丑。忘了谁是目的，一个不小心做了设计的奴隶还帮人家数钱。

  沙滩的城堡不会过夜。谁也不想让生活变得无聊，可即使不努力，每天也会变得都一样。偶尔会突发奇想，可惜我又不是哆啦 A 梦。工作与学校中的设计按套路走，会顺风顺水，即使这样的平均分并不有趣。我为此的反抗多半铩羽。学生时代反抗还好，工作之后反抗就有可能会饿肚子。如果以专业性为代价的话，擅长一个不喜欢的事情真是一种罪。

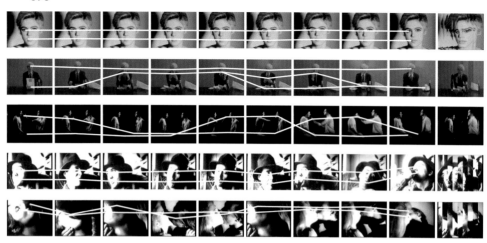

简单的动作刻意去延长，会产生意外的表演

什么不是表演？什么不是动词？

对有一类的表演艺术，时间永远是核心。即使一个动作可以被拆解为一系列连续的行为，我们对词汇的抽象默认也使我们忽略了很多细节。

在抽解为一帧一帧之后，相似的动作富有微妙的差异，从而令人奇怪。相似的、重复的层墙切分时间与空间，瓦解了我们对其连续性的坚信不疑。艺术中心从来不是一个舞台，它是一本动词的合集。从中参观的人们可以学习其他动词，而他们的存在亦是他人所学习之展品。

意外的表演

　　功能不是由房间决定的。功能的质感是由动作来完成的。诸如进食、攀爬、张望这般的行为,它们无时无刻不在被参与的人所表演着。看过去,一个基本的动词正有一个人在用身体解释着。所观看的人们,直视、录像、监视、偷看,成为完成表演的最后一瞬间。

从不同的角度看,同一件物体,不一定是同样的感受

哈德逊河沿岸剖面

麦迪逊河上所见

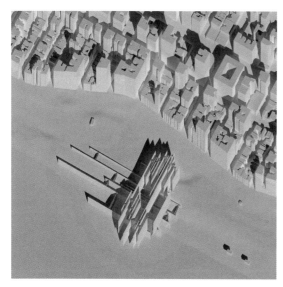

场地轴侧

曼哈顿方向所见

因为自然原因而存在的上下两层场地平台，使对上下的分别处理成为可能。两种方向下的景深与透明性的定义都不再明晰。

在大的尺度下，同样建筑语言组织的一组组小展厅满足了当地人和游客的一部分功能需求。这些展厅也是重复平行的片墙。

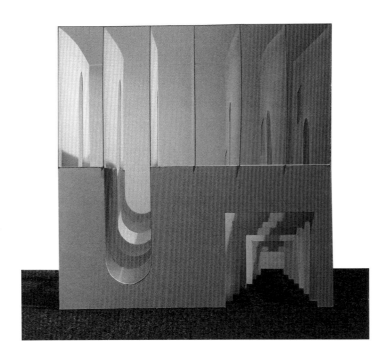

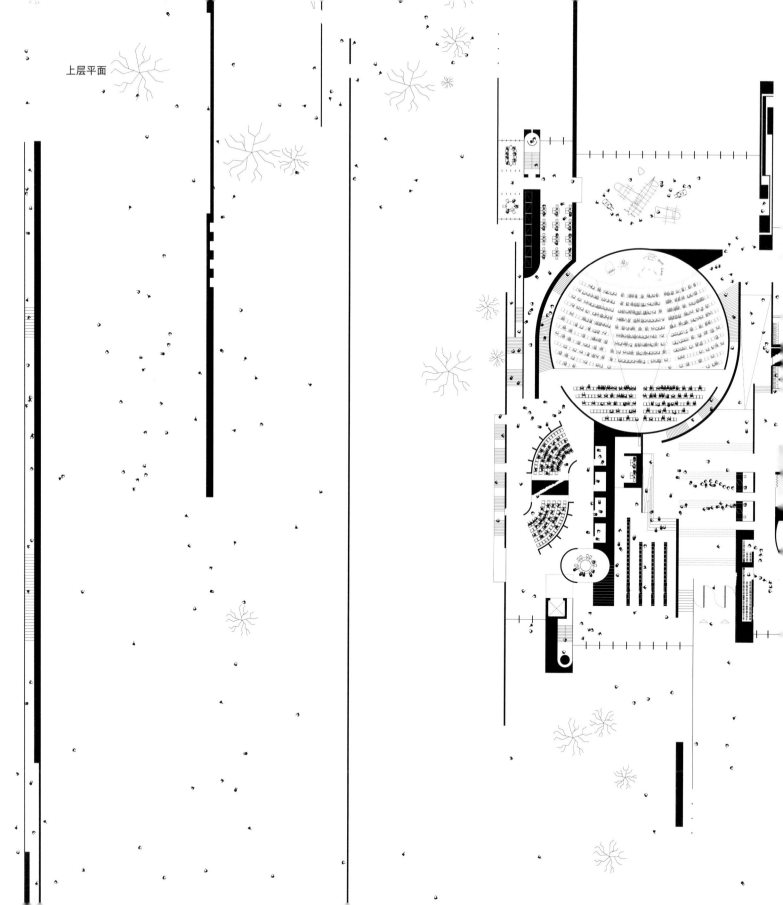
上层平面

下层平面

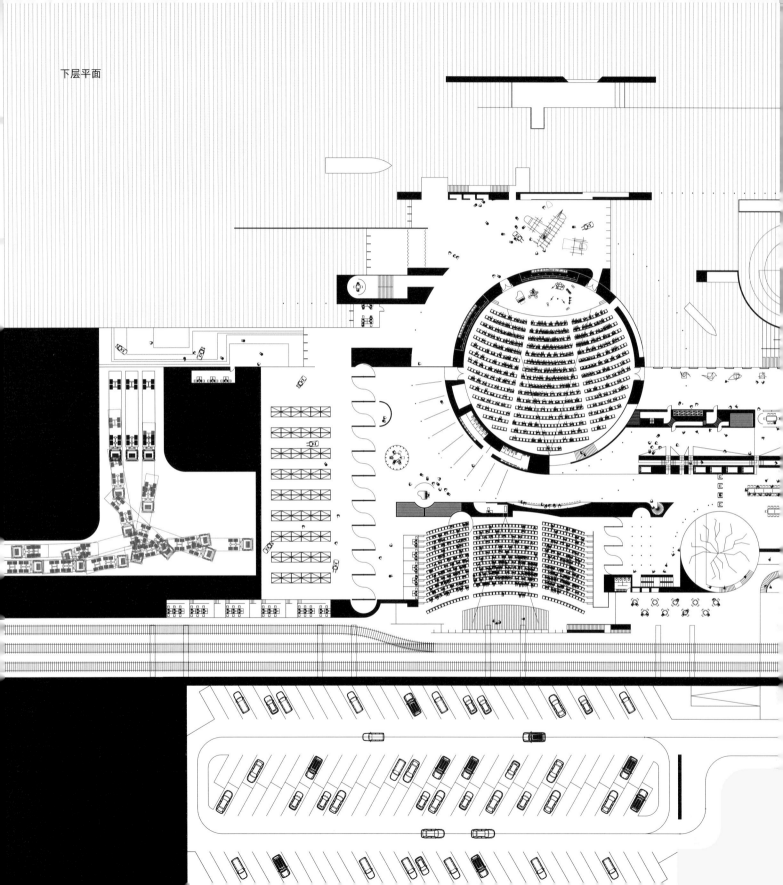

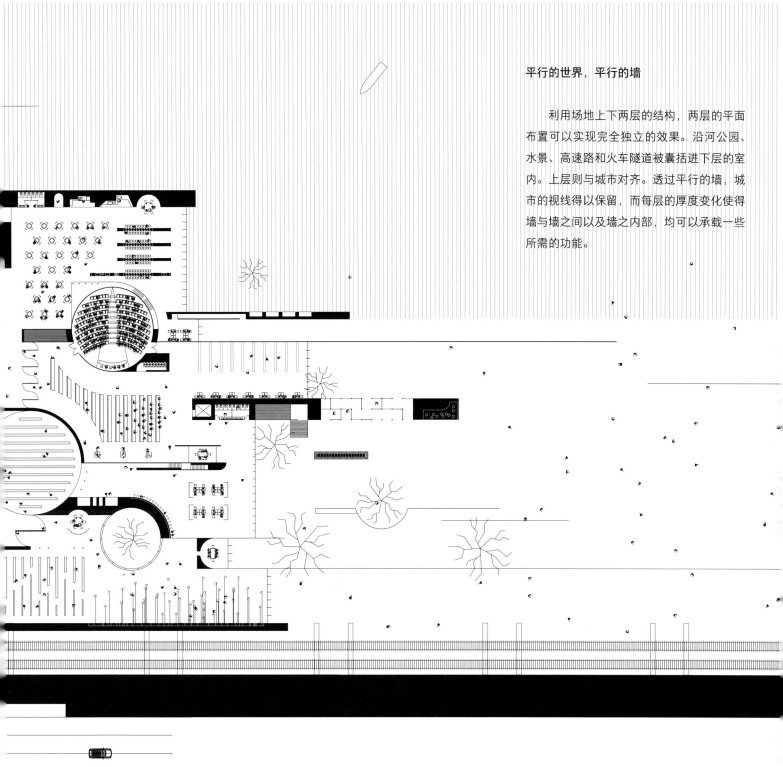

平行的世界，平行的墙

利用场地上下两层的结构，两层的平面布置可以实现完全独立的效果。沿河公园、水景、高速路和火车隧道被囊括进下层的室内。上层则与城市对齐。透过平行的墙，城市的视线得以保留，而每层的厚度变化使得墙与墙之间以及墙之内部，均可以承载一些所需的功能。

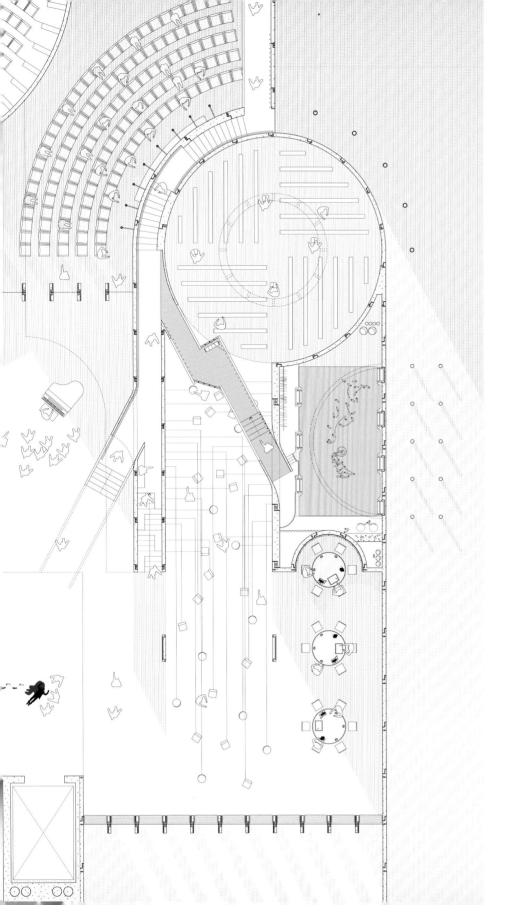

细部平面

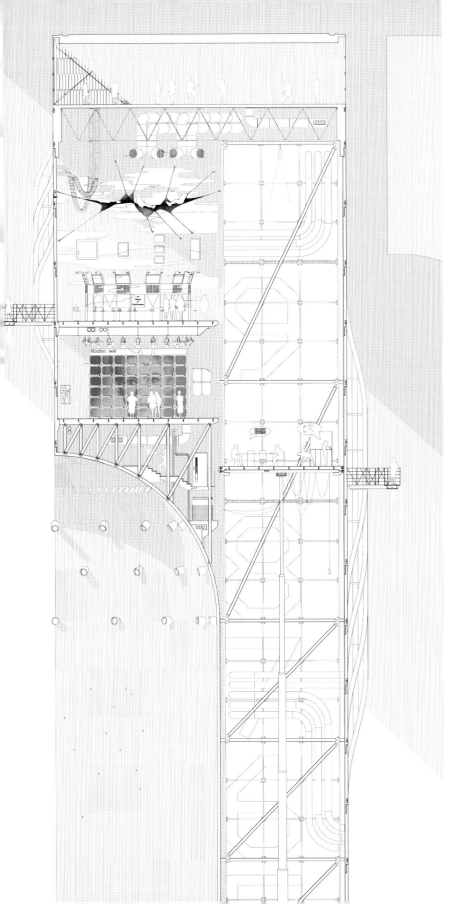

逐级变化，向内、向上

垂直运动的平台让体验更是异化，空间被再次压缩，时间被延长。隐藏在外表坚实的厚墙之内，一系列不可预料的场景正在发生着。

细部剖面

市场图书馆
Market Library

作者：Florence Lam
时间：2014 年 秋
地点：上海

关于设计本身
  1. 菜市场
    上海的菜市场只有一层，早上的零售跟晚上的批发让市场出现很不一样的情境。香港的菜市场叫街市，本来是在街上的市集，现在多躲在市政大楼里面。
  2. 菜市场 + 图书馆
    香港地少人多，市政大楼的出现是让最多的公共设施叠在一起，节省空间。除了菜市场以外，市政大楼还会有熟食中心、图书馆、运动场、政府办公中心等用途。所以把菜市场和图书馆放在一起，对于香港人来讲一点都不奇怪，可这个组合在上海却很新鲜。
  3. 融合
    菜市场很吵闹，图书馆很安静。菜市场很脏，图书馆很干净。怎么可以把它们融合在一起呢？对，要加一个灰空间，就加上希腊罗马剧院常有的户外大楼梯，让大家很自然地就会跑到那边休息，然后不经意间就跟旁人聊起话来！这种不经意间就开始的对话在欧美很常见，在中国却很少碰到这样的机会。
  4. 分开
    四感中的其他三感在这市场图书馆里面也扮演很重要的角色。看见、听见、触摸，不是每一处都能做得到。自身的感觉让人对于不同场景有期待，丰富建筑赋予的情感。

关于设计以外（其实也跟设计本身分不开）
  1. 想故事
    以前在学校里面，我们很容易会想太多，或者用建筑人才明白的语言来汇报，搞得外面的朋友都听不明白，圈子变得很小。现在回想起来，这个作品也算是开始了我会为作品想故事的习惯吧。所谓想故事，就是为所做的设计多想一层："如果我要告诉我外婆我在设计课里面做什么，我会怎么讲呢？"
  2. 选址
    场地在上海静安区旧法租界附近，很有历史意义。这里以前是一个需要过境的区域，是开辟最早、最繁荣的大区域之一，现在已经跟上海其他区域融合起来。
  3. 人物
    选取 20 世纪 50 年代上海教育海报里人物融入进效果图，以他们的面貌来定义项目的性格，同时也能体现那个时代的历史背景、城市、教育等方面的改革。
  4. 画画
    很喜欢手绘的质感，也很喜欢透过手绘的几个小时里让自己真的去设计，以及跟你笔下设计的对话。因为要画出来，你真的要了解他们每个人的人物性格，他们在做什么？他们穿什么衣服？为什么是他 / 她 / 它？

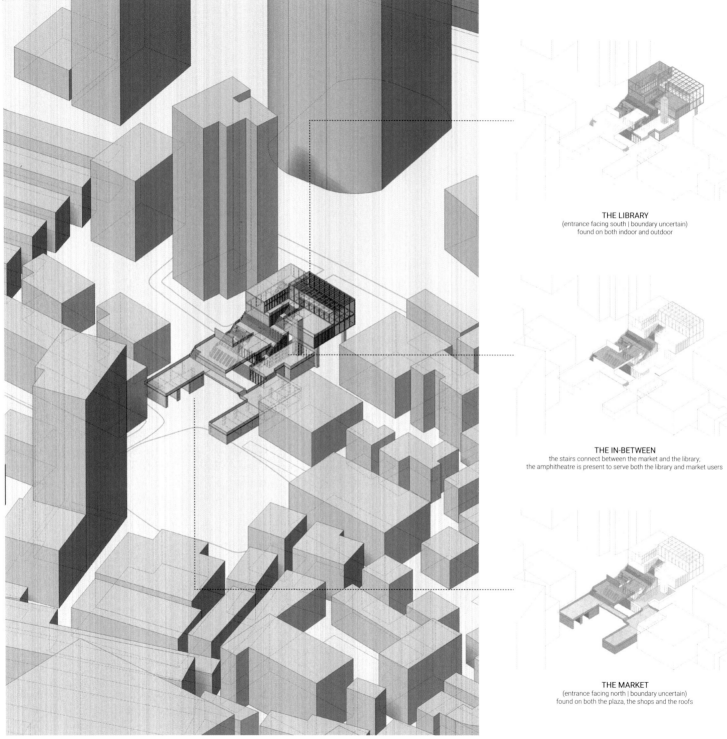

THE LIBRARY
(entrance facing south | boundary uncertain)
found on both indoor and outdoor

THE IN-BETWEEN
the stairs connect between the market and the library;
the amphitheatre is present to serve both the library and market users

THE MARKET
(entrance facing north | boundary uncertain)
found on both the plaza, the shops and the roofs

子游问孝。子曰："今之孝者，是谓能养至于犬马，皆能有养不敬，何以别乎？"

子曰："事父母，几谏，见志不从，又敬不违，劳而不怨。"

市场图书馆旨在成为一个培育人的地方，市场和图书馆建筑之间的边界模糊化表明了元级融合。

孔子在《论语》中指出，为了区分人与动物，不论社会地位高或低，人必须在养育过程中照顾到身体（外部）和精神（内部）层面的健康。外部健康是说要喂饱身体，内部健康是说要喂饱脑袋。这样的前提下，市场和图书馆分别象征身体层面和精神层面上的培育。

在大多数情况下，市场和图书馆仍然相互分开，而位于两者之间的户外露天剧场是连接彼此的共同生活圈。大楼梯的存在，把不同社会背景的人的空间重叠起来，也将不同起始意图的人放在一起，让他们开始对话并互相接触。图书馆底层的玻璃阅览室和户外大楼梯把市场与图书馆之间的边界模糊，在这里实现了实体上和视觉上的融合。

在思想上的融合层面，市场和图书馆实际上具有相同的身份：在培育过程中，社会地位之间的差异不再存在，因为要成为一个完全人，外部和内部培养需要融为一体。因此，市场是图书馆，反之亦然。

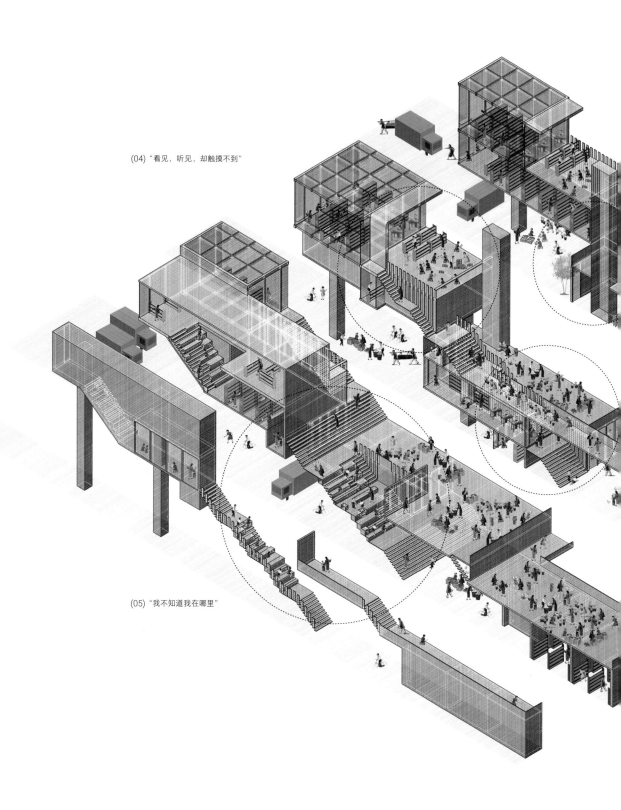

(04)"看见,听见,却触摸不到"

(05)"我不知道我在哪里"

关键时刻

"听得到,看不见"

(01a)图书馆入口

访客只能从这个入口看到图书馆,看不到却听得到市场发出的声音。

(01b)市场摊位

市场摊位内的人看不到上层市场的人,但可以听到他们的声音。

"看得到,听不见"

(02)图书馆内部

被书包围着,透过大玻璃可以看到外面的市场,但听不到任何噪音。

"看得到,听得见"

(03)市场广场

这是跳蚤市场所在的地方,我们鼓励每日信息交流。

"看得见,听得见,却触摸不到"

(04)图书馆室外阅读区

位于图书馆顶层和图书馆保安区内,必须从图书馆里面进入室外阅读区。非图书馆访客无法到达这个阅读区。

"我不知道我在哪里"

(05)室外露天剧场

座位是楼梯的扩展。这是一个很模糊的空间,不能被称为市场或图书馆,或者两样都是。人们可以在这里看电影。

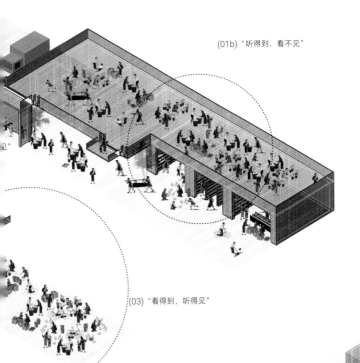

包容的飞地 | 嵌套的飞地
Enclave of Inclusion | Nested Enclaves
作者：杨铭川
时间：2015 年 春
地点：墨西哥城

项目是基于教授在墨西哥城国际机场改造国际竞赛的 finalist 方案上进行的，但也只沿用了教授方案中以类型学进行研究的切入点，以及可建设区和生态保护区划分的框架，而我们的设计和理念则与教授方案完全不同。Studio 分为了 4 组，每组 2~3 个人，并由学生自己分配如何划分地块，最终整个 studio 以各个小组方案的拼合形成一个总的方案。所以这里面也涉及小组间在整个方案中的协调。而这个方案的设计部分是我与另外一位同学合作完成。最初的概念想法是由我提出来，并在一次次的讨论交流中形成了这最终概念。在方案中，我负责了南部地块以及景观部分。

在 studio 开始之前，我们在墨西哥城进行了大概 9 天的实地调研，住的是老城中心的一个旧建筑，而它本身就很有趣，集中了餐饮、购物、青旅等多种功能，相互串连。

墨西哥城是由一个个相对独立区块组成的城市，这些区块受历史发展上各个方面的影响而呈现出不同的样貌。因此要了解整个城市的建筑类型，我们就得到城市各个具有代表性的地区去观看和记录，有闹市区的中央 CBD，有殖民时期的旧社区，有文艺历史感的老城中心区，有偏远残破的贫民窟，也有政府兴建的社会性住房区……每一个地方给人的感觉都非常独特，当然也看到了地域间的割裂。但在一次与本地学校联谊的私下交谈里，才发现地区间的割裂并没有形成人与人之间的排斥或歧视。从物质空间的呈现与社会的流动上来看，这两点似乎与美国好些地方相反。

相比第一次带队的西班牙女教授的疯狂行程，这次这位美国教授对我们的安排就轻松许多，也给了我们更多的自由空间。尽管我们都不懂西班牙语，当地人也没多少人会英语，除了白天必须一起到各个地方记录建筑类型，晚上得了清闲，还是会出去瞎逛。像是在老城区乘坐旅游大巴，在陌生的街头穿梭来往，在中央 CBD 大道的中心绿化带各种疯拍，在酒吧里畅聊，去影院看了一场当地的电影……

整个学期除了这门 studio 课，还有一门辅助它的研讨课，是由一位墨西哥教授临时带的。他会给一些指定的影视和阅读资料让我们看并在课上讨论，比如像《美国丽人》《上帝之城》等，大多是关于资本、暴力、人性、建筑与意识、乌托邦与异托邦等一些本源性的东西，感觉是引导我们透过墨西哥城现象看到更深层次的人类社会和文化思想的变化。这些也直接影响到我后期方案概念的生成。由于一开始是以建筑类型学为切入点，studio 老师也会给一些相关书籍，探讨什么是类型学，它的意义以及可能的运用方式等。

现在来看，这个方案像是站在一个城市管理者、为大众利益着想的政府的角度，做的一个比较理想的折中主义方案。它既认识到了市场和资本的作用和局限性，也利用公权力来实现一定程度上的公平。它通过建筑类型的重新组合，既继承了其本身文化发展的特征，也尝试探索未来的一种新的城市建筑形态，更设计了一套新的价值体系。但对于现实的开发模式来说，这种城市形态又是不切实际的空想；由于时间的紧迫和大尺度关系，我们也无法做到完全按照严格分析得出来的结果进行新类型建筑的推敲设计，一些空间设计和景观设计的推敲也比较仓促，而这也体现出 post-graduate degree 对设计经验提出了更高的要求。

继荷南·考特斯1521年征服了特诺奇蒂特兰城，探险队绘制了一幅地图，与托马斯摩尔的乌托邦有惊人的相似之处。在1524年起草的图画，把特诺奇蒂特兰城描绘成了一个迷人的城市岛屿，周围环绕着湖泊。

如今，墨西哥城是由一个个飞地发展起来的城市。从由单个开发商在19世纪建造起来的殖民地，到当代封闭社区，这个城市是一个离散式正式组织的拼凑，体现的是社会和经济的排斥性。然而，在这个新兴的飞地中，我们或许能一瞥理想乌托邦的墨西哥城历史。

088

不同飞地的建筑类型和城市要素

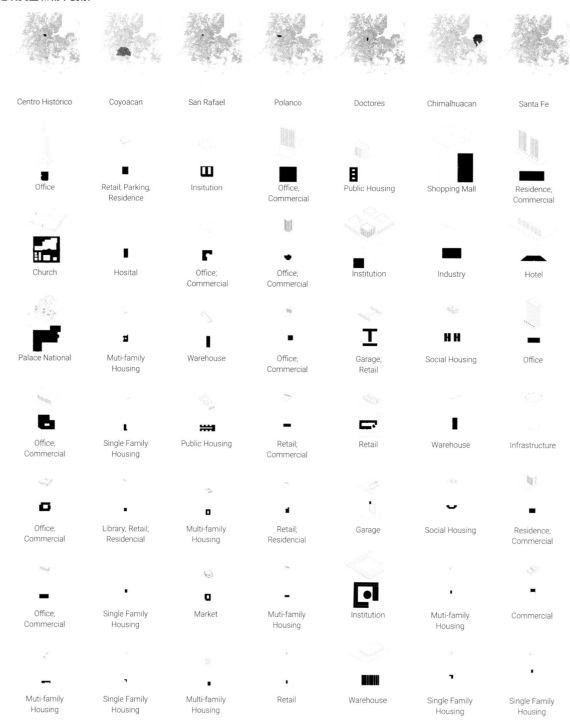

089

分析和组合

Culture	Society	Economy	History
Government power	Hierarchies of open space Influenced by Europe	Attract tourism Capital accumulation	House of viceroys Power
Retail & Office Personal illusions	Arcades: Influenced by Europe locality	Trade & goods Capital flow horizontaly	Commerce and housing
Retail & Residence The division of living and working	Arcades: inherit from the traditional	Related to daily life Capital flow horizontaly	Commerce and office
Retail The division of living and working	Arcades: influenced by Europe and locality	Related to tourism: Capital flow verticaly and horizontally	Commerce
Multi Family The living of the salariat	Influenced by the modern concept		
Institution & retail & residence Transform from the old life style		Rudiment circulation of the capital	Huge family
Small gated community; retail & residence Influenced by the old and modern life	Inherit from the traditional space and detail	Capital flow horizontally	Huge family
Public housing Modern life style	Modern concept but traditional detail		
Institution: to meet the needs of community	Hiearchy of public spaces Modern detail & traditional space	Benefit for the community Connecter of capital flow	Large family
Public housing: modern life style	Culture of public gathering as a way of trading, local marcado		Historic way of marcado now an office space
Social Relation between parking and motel	Reflects the cultural tentions and a state of hetrotopia	Economic model sustaining on local culture and society	
Institutional typology	Community formation due to same podium tying together		Courtyard formation
Caters to the different societies in the neighborhood thus acts as a public square as well	Cultural gathering space for local markets and people	Local Economy and dispaly of commodity	Spanish Arcades
Controled society, new material and shared spaces within the enclave		Maximum F.A.R and development rights	
Users are from the same social strata of society	Culture of shared yards even as a comercial frontage	Economic typology mainly for warehouses and industrial types	
Multi family-Public housing Social barrier	Combining the European style to define housing with sloping roof and modern stacking	Economic balance and social distribution by the government	

090
主干道两边的飞地

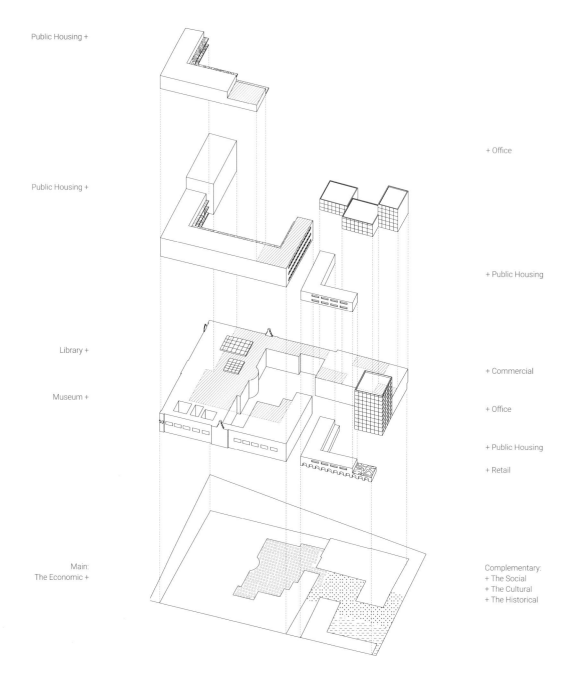

主干道的飞地受制于资本的影响，以经济为导向发展，提案植入补充性的功能和城市元素，提高社会的抵抗性，避免文化的同质性。

091

生态公园两边的飞地

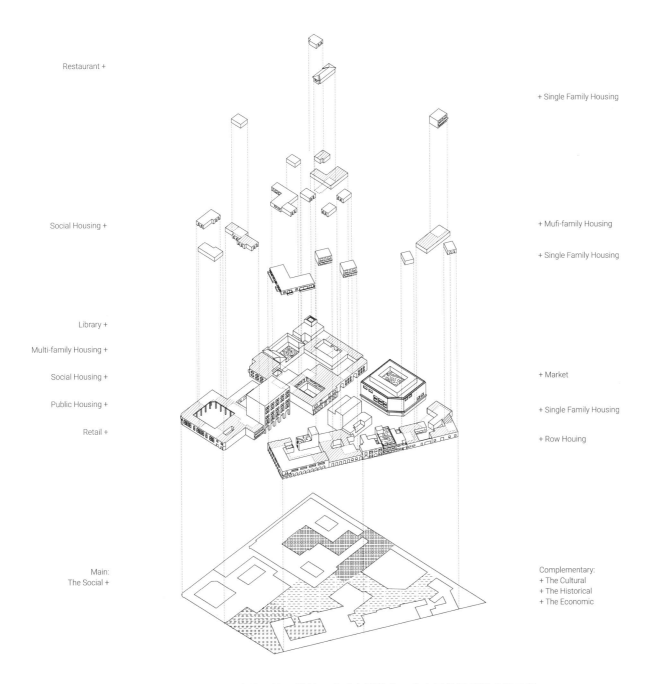

生态公园两边的飞地通常被开发成高端住宅、富人居住区等社会性功能建筑,提案植入补充性的功能和城市元素,降低社会的排斥性,重塑社区身份。

该提案的想法是通过重新组合墨西哥城不同地区的建筑类型，创造相互嵌套的空间，消解飞地内在的排斥和孤立。这些不同建筑类型具有墨西哥城历史、文化、社会和经济相互影响下产生的特性。分析不同地区建筑的功能、布局，能够帮助创造出新的混合建筑类型，它与城市有相似之处，但也植入了新的功能。当不同混合功能在嵌套的飞地里进行着相互反应和影响时，一些争议性的空间也能够被再次看到。

新的灰色空间，或者是说过渡性空间，连同早先设定的空间之间的空间，在这些飞地中创建了一个网络结构，它模糊了飞地的隔绝和转变，恢复了城市本身的混杂状态。这种不规则的流动空间，作为一种工具，为了尝试着控制城市资本不平等分配所造成的主观和客观暴力。这种异构网络，参考建筑与周边元素原有的直接或间接关系，根据重新定义的价值逻辑，形成了多功能的新飞地。每一个嵌套的飞地都代表着一个不同的外围世界和一个内在的世界，它隐含着社会、文化和历史要素的异质融合。

094
总平面 & 空间层级

嵌套的飞地包括社区里不同的建筑和室外空间以及生态公园里的不同景观。

095
嵌套飞地和流动空间的特性

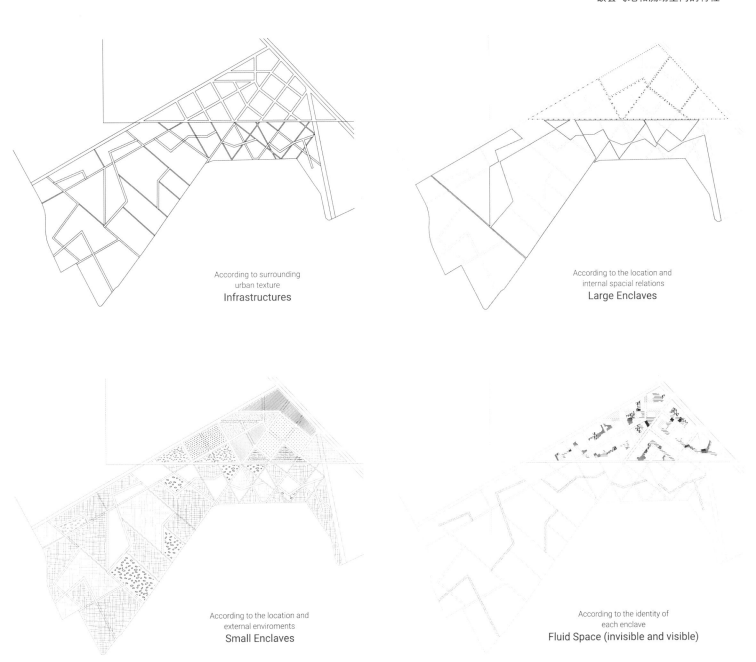

According to surrounding
urban texture
Infrastructures

According to the location and
internal spacial relations
Large Enclaves

According to the location and
external enviroments
Small Enclaves

According to the identity of
each enclave
Fluid Space (invisible and visible)

最终，在不同的主要特性的飞地里，所有功能都变成混合的，一种新的理想居住模式得以产生。

飞地与邻里之间的临界空间

飞地与流动空间之间的临界空间

生态公园与飞地之间的临界空间

原机场跑道与飞地之间的临界空间

导师
王雨田
哈佛大学设计研究生院　城市设计硕士
纽约 KPF 建筑设计事务所

城市奇景——城墙：一次与文化遗产的对话
Urban Wonders—CIty Wall: A Dialogue with Cultural Heritage
作者：王雨田团队
时间：2017 年 夏
地点：南京

此文为凯诺空中设计课开设的"城市奇景"主题设计室优秀作品赏析。设计室由王雨田老师主导，共选出最佳设计奖两份、入围奖三份。
最佳设计奖：宋蕾　赵芯妍
入围奖：阳程帆　郑墨　邱璜

　　城墙，作为古代城市防御系统中最重要设施，它先天性的定义了在地理上领域概念的内外明确区分。相比较于北京城墙仅存的残垣断壁，和西安城墙空前的保存完整度，南京城墙在地理关系和空间形式上具有独特的价值和魅力。同样作为历史古都，北京和西安的城市布局强调中心布置和对称轴线，城墙在失去它防御作用之后就相对缺少了方向感和趣味性，而且作为一道完整的界面，相当程度上它破坏了新旧城市之间可能创造的交互方式和连续性。

　　反观南京城市的地理形态，整座城市既存在一定尺度上的轴线强调，同时也积极地回应了周围的自然景观要素，如玄武湖、汇入长江的支流、紫金山等；同样不可忽视的还有围绕在城墙散落分布的重要遗迹场所，如明孝陵、明故宫遗址、鸡鸣寺、三藏塔等。

　　本设计室从南京城墙遗址出发，思考和探索空间材料语言和城市遗产对话的新可能性，加强城墙作为文化遗产在城市界面多样性、公共空间建立以及文化价值输出的积极作用。

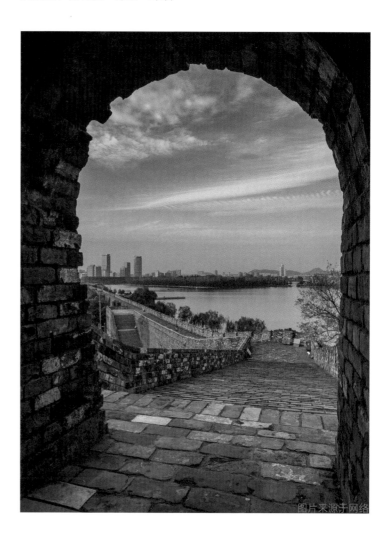

图片来源于网络

回溯：城墙脚下的澡堂
Civic Monument: Public Bathhouse Under City Wall in Nanjing
最佳设计奖
作者：宋蕾

南京作为中国历史上的六朝古都，在城市化的进程下正在经受文化遗产的消亡。这些正在消逝的纪念物不仅代表了城市形象，同时也是市民集体记忆的映射。

对于许多老南京来说，他们最珍贵的记忆就是在冬天和家人、朋友一起去澡堂泡澡，他们不仅在澡堂里洗澡，还在这里下棋、按摩、吃小吃、聊家常，度过许多惬意而热闹的时光。

在中华门瓮城城墙的附近就有一座这样的文化遗址，叫做瓮堂。瓮堂是中国最早、最古老的公共浴室，最初是朱元璋为解决建造城墙的农民工洗澡问题而建，至今已有600多年的历史，后来又承担了老百姓的公共澡堂的功能而延续至今。只是，时光流逝，这些老澡堂渐渐被桑拿、温泉会所、现代化的洗浴场所替代。伴随瓮堂的停业，保持老澡堂格局和营运模式的浴室，全南京几乎快找不到了。

本设计受到瓮堂这一空间原型的启发，希望重新思考瓮堂作为一种带有过去的形式与记忆的城市纪念物，如何通过新的内容与组织方式，塑造地上地下相互贯通的公共空间，使观者在当下能和城市的记忆、特性发生对话。

瓮堂的结构由两个连体的穹窿形的瓮组成，其结构的特殊性使得蒸发到顶部的凝水会沿着墙壁流下，而不会滴在洗澡的人身上。

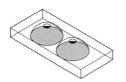

Two connected dome construction

实施过程中，首先提取了瓮堂独特的空间原型，从结构的宽度、高度、曲率三个方面对单体进行变形，挖掘建筑尺度的多样性，同时探讨了不同的单体组合方式，对其赋予了公共澡堂和展览参观的相关功能，以达到体验上的多样性。

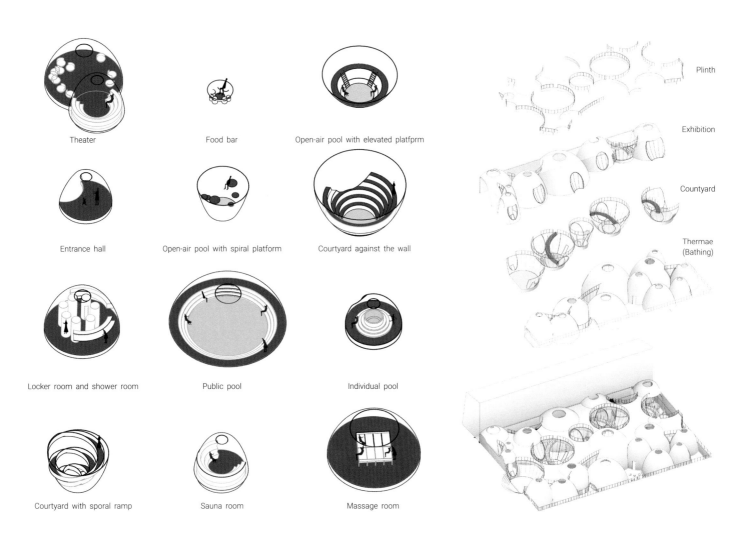

澡堂空间延续了瓮堂原型中的天窗，既保证了其结构对洗澡的优势，同时也引入了城墙的景观，即使是正在澡堂内洗澡的人也可以通过视线与城墙进行互动。

靠近城墙的庭院作为展览厅的一部分，当人们在室内参观感受瓮堂的结构时，也能通过庭院近距离地触摸城墙。

建筑使用混凝土构筑，通过天窗、侧窗与庭院的透明玻璃进行采光，靠近城墙的室内墙使用灰砖，将城墙的元素引入室内。

与明城墙对话

城墙文化遗址展览

澡堂中的娱乐

追溯逝去的澡堂文化

设计体悟

三个月的设计室体验让我受益匪浅，对应"授人以鱼，不如授人以渔"这句话，这三个月的收获不仅仅是在九月之前有了一个可以放在作品集里的作品这样一条"鱼"，从更加重要和长远的来说，学会了"渔"，即一套新的设计思路。在上设计室之前，作为已经经历了四年本科学习的学生，可能正处于一个"设计水平并不怎么样但是形成了一定的设计惯用思路"的阶段，这个时候如果不走出舒适圈、增长新的见识，可能就囿于原有的设计套路继续做下去，无法提升作品集水平的上限了。

参加了历经三个月时长的设计室学习，由王雨田老师带着我们从设计最开始选址、分析、阅读，到中期有一定成果，再到后期进一步更改，最后各种细节、构造的深化，对我来说最重要的是收获了一套完整而新的设计思路，并且发现细节对于建筑学习的重要性。

老师点评

瓮堂展示了城墙作为一种直接具象的巨型纪念物和衍生平民生活文化记忆的双重特点。把瓮堂的形式空间语言对待为一种"结构"而弥散在城墙的脚下，仪式感的形式语言容纳了最亲近人身体的日常活动场所，这样的体验既是来自生活经验的，同时也是一种情感的升华。用一种水平方向的延展衬托了城墙片段在竖直方向上的不可触及，它们共同形成了"亲近的纪念物"。

天空之墙
Skywall
最佳设计奖
作者：赵芯妍

城墙历史上作为防御设施，对于现代生活来说更多的是成为城市景观的一部分。经过多年的历史变迁，现存的城墙在南京市内并不连续，成为一段段断裂的存在，希望通过设计，在保存城墙的形态和连续性的同时，把设计融入城墙，成为城墙的一部分，使得两者成为一个共同体。

设计选取了一段断裂城墙的位置，希望使用一种轻质、透明的手法与城墙的厚重形成对比，增加城市的界面多样性，创造一条公共的路径串联起两端断裂的城墙，呈现一种城墙的更新方式，用现代的方式来重塑原有城墙的功能特性。在未来，也希望能用这种方式延续到其他断裂的地方，使整个南京城墙重塑回历史的环绕状态。这样既能满足现代人对于游憩观赏的需求，也能实现城墙的现代文化价值。

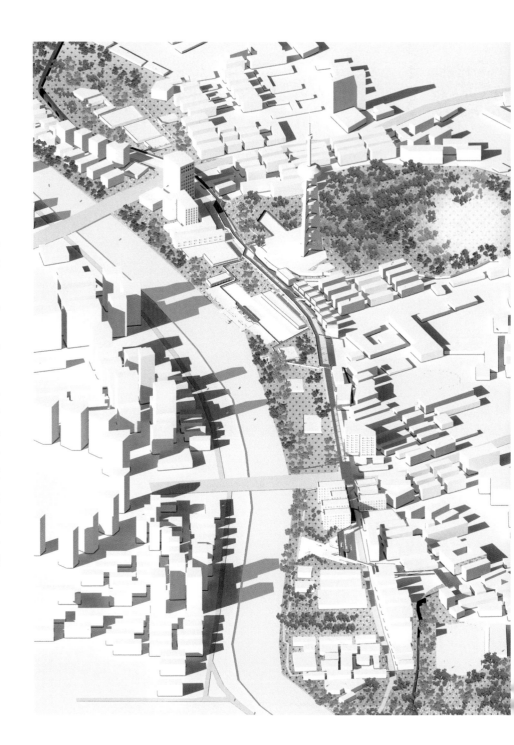

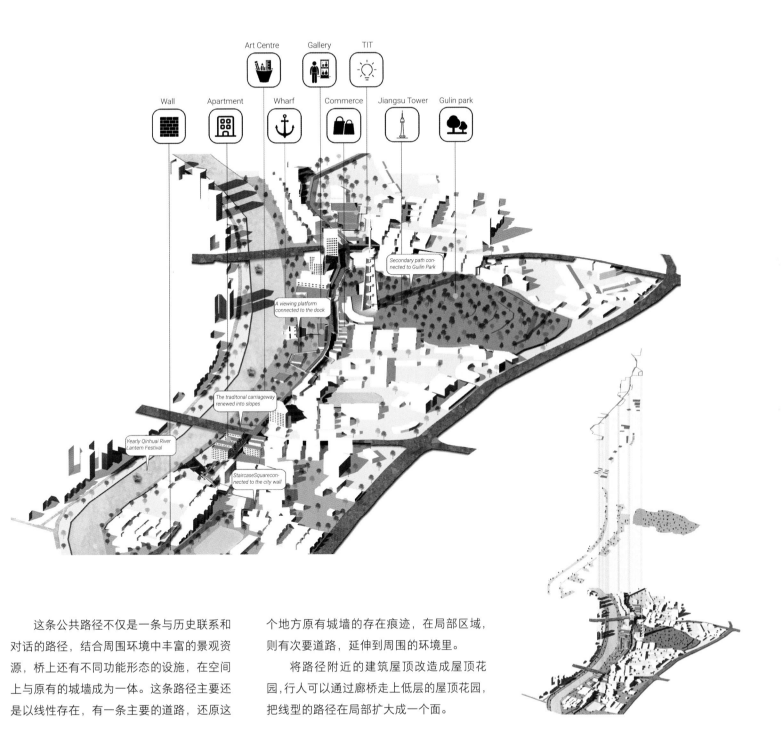

　这条公共路径不仅是一条与历史联系和对话的路径，结合周围环境中丰富的景观资源，桥上还有不同功能形态的设施，在空间上与原有的城墙成为一体。这条路径主要还是以线性存在，有一条主要的道路，还原这个地方原有城墙的存在痕迹，在局部区域，则有次要道路，延伸到周围的环境里。

　将路径附近的建筑屋顶改造成屋顶花园，行人可以通过廊桥走上低层的屋顶花园，把线型的路径在局部扩大成一个面。

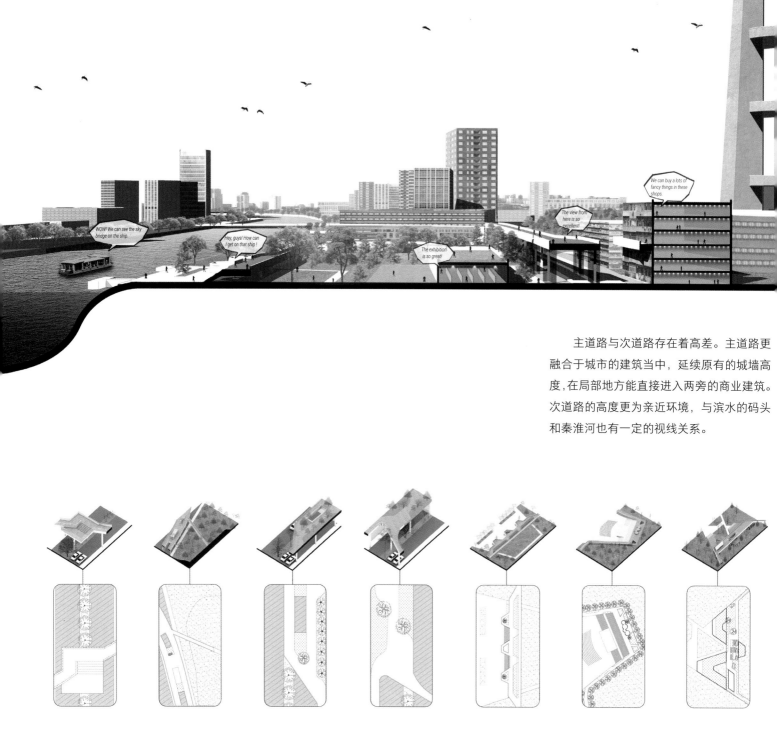

主道路与次道路存在着高差。主道路更融合于城市的建筑当中，延续原有的城墙高度，在局部地方能直接进入两旁的商业建筑。次道路的高度更为亲近环境，与滨水的码头和秦淮河也有一定的视线关系。

从远处看这条廊桥，与两边厚重的城墙对比显得更为轻盈，上面四张在桥上的透视图，通过不同的植物、装置的设置，可形成休憩空间、露天剧院、小型市集、艺术装置等不同功能的空间。

在这个路径的行走中，人们不仅会感觉到城墙以一种新的方式重新建立在城市之中，还会感受到属于现代生活的气息。

设计体悟

一开始接触这个设计室还是因为雨田老师的名气，以为还会是针对建筑的设计室，没想到这次面对的是三个专业，所以就立刻报了名。

开始之后，面对与学校设计不同的题目时，我有些迷茫。自己选场地，自己决定要做什么，很多东西都跟在学校学了三年多的不一样，后来通过和老师的交流，方案的前景慢慢才清晰起来。从一开始就认定做景观，便从头落实到尾。一开始做这个大尺度的景观没有多少信心，在老师的鼓励和讲评中，收获了很多，慢慢将方案完善，最终成型，从大尺度的分析一直到最细部的节点设计，在过程中收获了很多在学校里学不到的东西。

老师点评

南京内城城墙保留了五段现存遗址，它们共同界定了当代南京城的公共界面。在未来，东南大学进行了初步的城市整体景观的规划，计划沿城墙遗址设计连续的景观带。本设计以此为出发点，用轻质的线性"绿墙"，不仅回应了城墙的历史记忆，同时也积极地重新定义和激活了周边的公共界面。

城墙新记：广场上下
Two Square: Ground and Underground
入围奖
作者：阳程帆

南京是一座有着历史积淀而又亲和的城市，满城高大的梧桐树与城墙是让我印象最为深刻的。六朝古都，造就了今天的南京城墙。虽不如西安与北京城墙的庄严与规整，南京城墙绕山傍水，自然地环绕在南京的土地上，与这个城市的气质极为相像。城墙由历史中防御敌人的高台逐渐演变为现代的城市巨构景观。我的设计通过现代的城市构筑物来呼应城墙，希望它能成为城墙延续的一部分。

基地位于临近玄武湖的台城墙段的结尾端点。设计通过嵌入一个体块来联系周边因城墙和场地高差而相互隔绝的区域。右侧为城墙的一些联系性节点的探讨，例如不同高差、不同功能区域的联系方式等与我的方案有着密切的联系。

方案的出发点借鉴了城墙上小下大的斗形形态与鸡鸣寺的塔形态，将斗形的网格体系作为结构原型。通过内部斗的不同大小与高低的变化来承载内部不同的功能与空间氛围。例如，往上伸可作为地上广场的休闲设施和景观，往下可作为交通筒或大的光斗。

从爆炸图可以看到，下层四周为斗形承重筒，中间为变形屋架，上层为适应屋架的屋顶广场与铺装。屋架对地下地上是相互影响的关系。

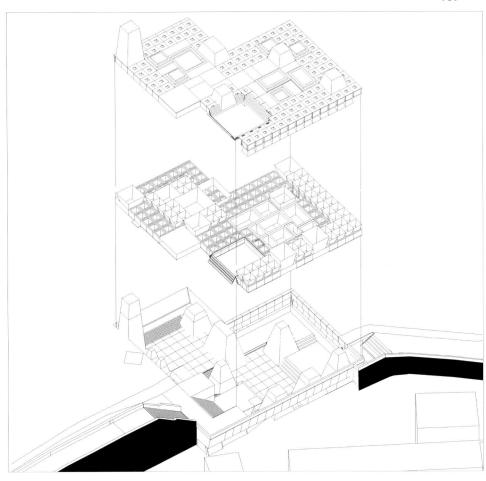

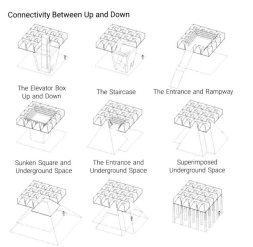

Connectivity Between Up and Down

The Elevator Box Up and Down | The Staircase | The Entrance and Rampway

Sunken Square and Underground Space | The Entrance and Underground Space | Superimposed Underground Space

Amplifing Light Column | Suprimposed Light Column | Array Light Column

地下广场作为一个生活化的广场，整体氛围明亮闲适，供居民休闲娱乐。周边的斗中设有咖啡书吧、城墙历史文化展览、公园植被展览及交通和辅助空间。

围绕着交通中心逐级往上走到第二个广场，周边设有展览与商店。

设计体悟

在城市奇景设计室中经过长达近三个月的努力，最终提交的作业自己还是较为满意的。其中最大的收获就是跟着王老师学到了一套完整的方案推进流程。从方案开端对南京城市与城墙详细的认知一步步走到最后，并落实到方案的细部构造上，是一套很系统的设计，非常感谢老师。方案设计期间也有过迷茫与手足无措，也幸好老师能够及时点拨，非常认真细致地对我们每个人进行指导，让我们能够真正静下心去思考自己想要什么，真正感兴趣的是什么，对于建筑的态度是什么？明确自己的方向。很有趣的是每一次的大课或者讲座中都能听到其他同学或者老师的不同思路与想法，这也让自己的思维拓宽很多。这是一个很好的开始，真的很幸运能遇到优秀的老师和同学们，加油！

到达仪式性广场，广场斗的下压营造更强烈的一种光影感与仪式感，供与佛教相关的内容。整个地下流线都是通过台阶的层级抬升最终回到地上的广场。

构造详图展示出斗与屋架之间的关系。因为屋架的斗有2~3米的厚度，因此考虑栽种植被，屋架下部设有排水隔水层，墙外饰面材质为条状石材挂板，室内地面以砖材为主。

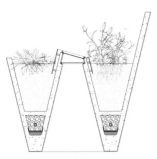

老师点评

结构、空间、场所，三个关键名词串联起了两段城墙。斗状屋顶结构同时重塑了联系城墙的地上广场和地下弥漫式的聚集空间的气质，通过不同程度向地下延伸的趋势，斗型定义了采光井、楼梯、下沉式广场等不同尺度和内容的各级空间。

迷墙
Multi-Walls History Museum

入围奖

作者:郑墨

城墙作为古代城市防御系统中最重要的设施,由于它先天的形式和地理位置使得它在城市发展历史中逐渐成为了属于个体的共同体,这个共同体保存了城市形态和建筑体的连续性,成为了一种"经久物"。而人们在参观这类纪念建筑物时,会强烈地感受到它们在历史中容纳多种功能的能力以及建筑形式完全超出这些功能的魅力。同时正是形式感染了我们,它给予了我们经验和享受。在我们游览城墙的过程中,同样也会获得不同的经历和印象。具体地说,有些人会认为城墙是一种缺乏自由的束缚而不看好它,而有些人会认为城墙是一种具有安全感的防御。我对城墙的最初看法是消极的,在当下它更像是限定界线的障碍物。由于它巨大的体量营造出庄重的仪式感,甚至感到有些压抑,从而引发了我的思考:怎样创造出一个灵动、丰富的空间,使我们在纪念城墙这一经久物的同时也对城墙的态度变得积极乐观呢?因此,基于人们对建筑本身的评价并综合大量的城墙历史背景,讨论并设计出一种建筑形式与空间,使参观者在与城墙对话的过程中感受丰富的变化。

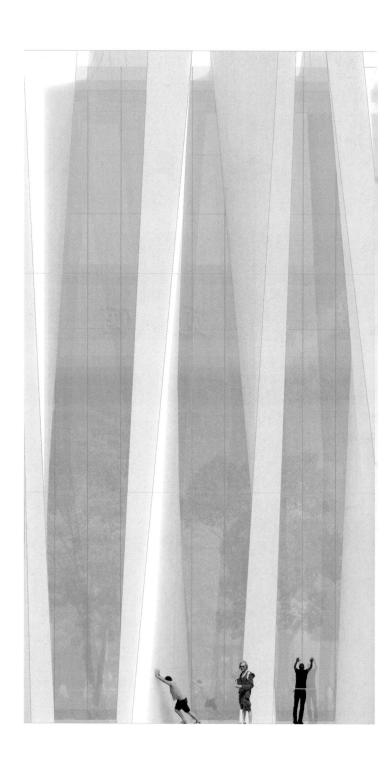

在博物馆中，没有一个空间是四面都被实墙所包围的。每个墙面都沿一个方向排布，这样建筑就拥有一个完全不透明的实墙立面和另外一个完全通透的立面。博物馆引领我们游览其中，在这里，光线通过林立的实墙渗透而入，空间光影变化无穷。

由于上下不同曲率的边线，形成了立体扭曲的墙，墙与墙之间的空间也是自由变化的。几个通高的中庭使天光洒入室内。阳光通过曲面墙漫射传递到各个角落，柔和的漫射光增加了室内的采光。中庭的景观缓和了室内外的交替变化并创造出自然的环境。参观者也可以上至屋顶将城墙一带的风景尽收眼底。

建筑立面的镀膜玻璃，隐隐约约透射出内部的空间，让人有进入其中窥探一番的欲望。白色大理石饰面减少大体量建筑的敦实厚重，看似轻盈，又不失仪式感。修饰手法从简是为了突出以墙为主的空间布局。

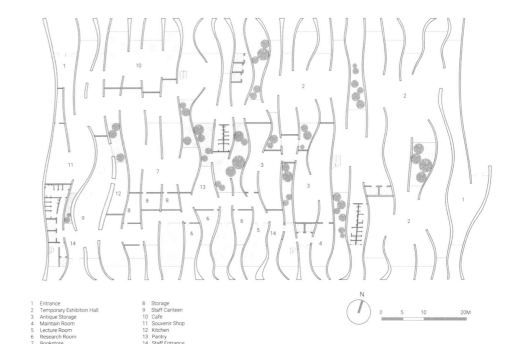

1. Entrance
2. Temporary Exhibition Hall
3. Antique Storage
4. Maintain Room
5. Lecture Room
6. Research Room
7. Bookstore
8. Storage
9. Staff Canteen
10. Cafe
11. Souvenir Shop
12. Kitchen
13. Pantry
14. Staff Entrance

贴墙盘旋而上的楼梯是设计中的一个亮点,使参观者在上下楼过程中接触到曲面的墙体,感受墙体间的挤压变化。

通过书店圆形拱洞玻璃面,参观者可以欣赏中庭景观。同时,阳光经过数次漫射也能提高室内的亮度。

设计体悟

在近三个月的设计过程中，认识很多优秀的同学，课下互相交流，赶图的时候互相加油打气，才使我从设计的高压中坚持过来，在这样素未谋面的情况下，确实是很难得的事。战友们，苟富贵勿相忘呀！刚开始的方案阶段对我而言是极其痛苦煎熬的，因为一直找不到主题，不知道自己真正想要的是什么，就像只无头苍蝇一样瞎碰。说实话，时不时会冒出"退组"的逃兵想法，觉得自己太差。后来在跟雨田老师不断沟通中，经过两个月，推翻4个方案，终于"挤出"了一个较有特色的设计。那种"熬过来了"的兴奋和激动真的难以用言语来形容。这要多亏雨田老师，一开始会觉得他有些难接触甚至挺怕他的，毕竟是个行业大咖，会有敬畏的心态。但在之后的交流中，才发现他是一个耐心且始终不放弃每个人的老师，会发现我的优点来鼓励我，会分享很多资料和建议。甚至在我自己都觉得"怎么会有这么不开窍的学生"的时候，他还是会努力地给我理顺思路。感谢雨田老师的"不抛弃不放弃"！

数面曲墙产生游览的引导性。游客顺着墙面的走势观赏就不会错过任何一件藏品。室内外的穿插过渡创造了通透多样的空间。

老师点评

把城墙的物理空间的根本属性"墙"提取出来，建筑尺度的墙和城市尺度的墙的对话，是这个设计讨论的核心话题。墙的天然属性存在于某一方向上隔断的同时，必然地激发了另一方向上的运动，开放和封闭便同时存在。设计创造了多个巨型墙体阵列，提供了空间多个方向上的运动，在新的秩序下，时而形成建筑内向的开敞，时而出现和建筑外部对话的夹缝空间。

参观者上至屋顶可以由近至远观望广场、城墙及玄武湖公园的风景。景观层次也是丰富且和谐的。

墙宅
Life Beneath the Citywall

入围奖

作者：邱璜

本次设计是一处位于南京城墙脚下的居住区，是一个基于现实背景下的旧城改造模式的探索。选址位于南京老城南片区的老门东地段。我的出发点是设计一个能与城墙产生交互的居住区，因而在形式上选择了夸张起伏的折板屋顶，使这个居住区在宏观尺度上上升为与城墙同级别的城市景观：城墙上的人为之驻足观想，建筑里的人在观景时，屋顶同时也成前景而存在，营造每家每户各不相同的城墙。

作为居住建筑不可避免地要讨论公共与私密的关系，在城墙脚下的区位优势使这块区域拥有大量的潜在人流，这与居住建筑所希望的安静和私人十分矛盾。我采用公共物权的管理方法，即使用权与所有权分离，回迁住户只拥有住宅使用权，居住区剩余住宅面积面向社会出租。因而在首层可以引入较为安静的零售商业，如书店、咖啡厅、创客空间等，并且随着住户的更迭和区域的发展，首层可逐步更新为需要的功能。

表现在平面上的是首层面向城墙的区域首先引入商业，且每个居住单元的首层与上层可通过外庭院的组合完全脱离使用，各单元通过公共庭院和通道相衔接。

基于居住区的在地性，在平面上采用了单元组合的方式，一方面满足不同使用者的需求，另一方面对应不同屋顶标高。同时，在户型设计上创造定义各不相同的室内空间，使居住者在不同层高上，不同情景中与城墙发生对话。

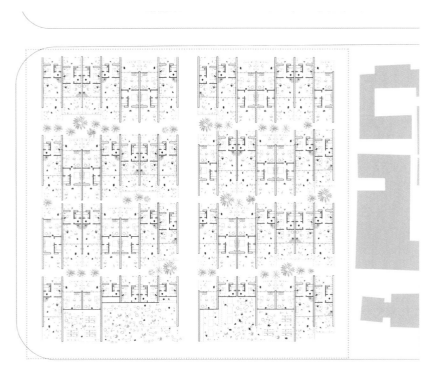

Type A
229 sq.m / 6 bedrooms / 6 washrooms

Type B
182sq.m / 4 bedrooms / 3 washrooms

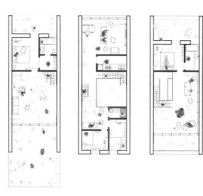

Type C
164 sq.m4 / bedrooms / 3 washrooms

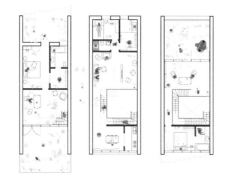

设计体悟

　　从5月开始到8月结束，雨田老师带着我们一帮"萌新"重新学了一次设计，学到很多不同于建筑学院里的东西。从设计逻辑、设计视野，到出图风格、工作流程等等。之前做设计的时候总是最关注建筑好不好看，总平美不美，但是现在会更加关注这个设计存在的意义和人的使用。这三个月里正好赶上好几个赶图期、期末作业、期末考试，也经历了很多设计室方案不知从何下手、不知怎么继续的迷茫时刻，万幸自己挺了过来没有放弃，最后呈现出来的成果我自己是比较满意的，感谢老师的激励也感谢自己的坚持！

老师点评

　　城墙脚下的居住区设计展示了城墙作为城市的宏大叙事的不可触及和平凡的每天生活之间发生的关系。这对矛盾体在天然决定的冲突中小心地寻找一种新的调和关系。居住区和城墙之间的地面保持清晰地从公共到私密的界面，室内起居、生活空间、室外天井的垂直分布，连续起伏的屋顶形成了整体的城市景观。

「设计室总结」

总体来讲，设计室 10 位同学的作品为我们提供了从建筑、景观到城市设计的角度，对南京城墙这一对象的丰富解读。作为一个以研究型为基准导向，设计表现为表达工具的设计室，让人欣慰的是，我们共同探索的过程以及最终的成果并没有在具象上直接从空间和形态的维度与城墙发生粗暴的联系，在对待历史遗迹通常存在所谓创造"公共活动空间"的政治正确性也被最大程度规避。相反，我们从分析城墙的历史发展变迁沿革在物理空间上直接可见的意义，到它的存在对人的日常生活经验、文学创作、宗教文化等等间接的人文关怀的体现，都试图去寻找一种尊重南京城墙作为城市经久纪念物在具象形式和抽象记忆上的场所精神。在这一过程中，伴随城墙存在而出现的一系列次级城市经久物、城墙沿岸护城河水系、多层次慢性交通系统、城墙建造历史事件、城墙材料性等等都被同学们一一关注和回应。在空间本体上，"城墙"一词蕴含的意义在于以墙为基本单元在城市尺度上的巨型建构。"墙"作为建筑空间中的基本元素，是亲近人的尺度的个体性，相对而言，"城"隐含了一种强调集体经验的失真尺度。边界，水平延展，垂直性，整体城市景观，是城墙的关键词。同学们的设计从分散式的景观装置小品，到单体文化类建筑，以及线性的城市公共空间系统，集合地回应了对于城墙在空间论层面的解读。

最终，我将以阿尔多罗西在城市建筑学中对城市经久物的解读作为这个设计室总结的结尾。"功能总是应当在时间和社会中来加以定义：取决于功能的事物总是与功能的发展密切相关。仅由单一功能所决定的城市建筑体只能视为是对那个功能的注解。我们在现实中常常不断地欣赏那些因时间推移而失去功能的元素，这些建筑物的价值往往只体现在它们的形式之中，这是城市共体形式中不可缺少的一部分或一种常量。"城墙作为防御型的功能虽然消失，但它得以保存的形式使得我们可以看到来自历史展示的公共事件，在和它的对话中我们寻找新和旧的关系，从而寻找建立新的文化认同感。

不确定话局 / 王斯旻　张砚　周宁奕　Dylan Dai
Uncertain Conversation

"懒得搭理你……哎哎哎，别换了，看这台看这台，播设计师访谈呢！"

面馆桌子尽头有个 12 英寸显像管儿，长虹的。不准点儿吃饭的时段可以自己调频道，而我们经常不准点儿。

画面中间的人打招呼："这期不确定话局要聊的是建筑设计师的跨界和转行，在座的诸位……"

"这个你也看啊，没劲没劲。"耗子接过不冰的苏打水嚷嚷着要往后换台，"这种临脚的插叙，除了出现在设计师生活故事出版物的中间，还有什么人看啊？"

"唉！还是有人看得到的，你也不能因为没有人看而不做呀。"

"所以在这个趋势中如何思考……"电视继续。

"切！"

"转行也不远啊。你看小刘她不就空档一年去亚马逊实习了，毕设都没做。"

"咱不稀罕！"

"她天天代码设计 UI。"

"叛徒！叛徒！"

"哪个设计不是设计，挣得还多……"

"哎！你小点声，我都听不见他们说什么了。"

"……是我们既为接下来要探讨的话题……"

不确定话局由凯诺空中设计课发起,一个只聊设计敏感问题的『不正经话局』。话局以设计师讨论对谈的形式,涉及建筑、城市、艺术、互联网等设计领域,旨在搭建一个设计师跨界交流的平台。

王斯旻(以下简称"王"):大家好,本期不确定话局要聊的是一个设计圈中不大不小的趋势,建筑设计师跨界和转行。在座的诸位都已经不是传统意义上的建筑师,难以界定的是大家在跨界还是在转行。

这次聊天跨越三个时区:北京、格林威治、波士顿。如何看待行业内的这个趋势,作为设计师群体和个人,在这个趋势中应该如何思考,是我们几位接下来需要探讨的话题。

张砚（以下简称"张"）：要不要跨或转，主要看个人兴趣。我认识的建筑师朋友中，热爱建筑的人可以醒着的时候不是在工作或学习，就是在思考建筑问题。有这种热忱，我相信并没有必要人云亦云地跨或转，建筑设计本身就是值得投入一生的美丽事业。由于我在 Media Lab，也看到大量的建筑师朋友感兴趣的不仅仅是建筑，他们有的对技术痴迷、有的对硬件热衷、有的对艺术情有独钟，越来越多的建筑师在放宽视野。

王：砚哥的话让我想起了当时汤姆·梅恩(Thom Mayne) 的一位合伙人来康奈尔演讲时候的开场白："汤姆想让我给大家带个话，能转行的就转了吧！"学生提问："那为什么看起来你过得很开心呢？""因为我觉得没有什么行业能让我从开始接触到今天，每天都在学新东西，每天都是新的，我很享受这种感觉。"

张：当然，随着现在科技和信息爆炸式地增长，很难知道哪个是自己的"真爱"。确定一两个自己最感兴趣的方向，花些"硬"功夫也是必须的。举例来说，我对人机交互界面（HCI，包括 VR、AR、Tangible Interface）和 AI（人工智能）感兴趣，不仅需要尽可能地去了解所有相关的最前沿的研究和应用，还要实际去 hands on（有实践性）地做一些 prof of concept（概念证明作用）的项目。即使最终发现不合适，这一大圈也没白看。建筑非常综合，不论是知识面的宽度还是理论哲学的深度，了解这个世界的发展趋势对设计绝对也是有好处。

周宁奕（以下简称"周"）：关于我的转行经验，当时影响我决定的有两个点：一个是行业的变化，过去的建筑公司中国业务好，现在国内建设量也回落了。每个行业以十年计算，都会存在周期，公司里不同的时期需要的人员结构也不一样，所以有些人是被现实转行的。另一个是知识结构，以参数化设计和建筑设计为例，二者相对独立，就像两个架着桥梁的岛屿，如何提高算法的性能，如何制造好看的图案，其实和计算几何关系大一点。建筑师和码农的思维和工作内容有诸多不同。设计师习惯了高等级创造，有时候对底层不是很关心，白猫黑猫、结果导向、拿来主义。码农不大一样，比如我们做互联网产品，本质是个软件工程，也许原理很简单，但如何把大量代码组织起来，需要耗费很多精力，且考虑的矛盾点不一样。建筑师是偏业务的，解决的都是人容易感知的需求；而码农的工作有时候都不好写 KPI，性能的细微提升、代码解耦、接口做得更舒服了、搞好了兼容性，等等。所以，转行还是有不少路要走的。

Dylan Dai（以下简称"Dylan"）：我觉得设计本身就建立在人文社科等基础学科之上，是在对实际的空间、技术、社会资源，做再组织和创作的一种操作。虽然建筑学包罗万象，但是建筑学为自己和其他学科间树起的高墙从来没打破过，而这些事情恰好是"跨界"者真正在处理的。

王：一个转或者跨的决定，需要有对自己的判断和对行业的判断这两方面的考量。对自己的判断是，喜不喜欢，适不适合；对行业的判断是在于，我想去的新行业，是否比我之前在的旧行业更有发展可能和前景。从长期来说，中国房地产市场野蛮生长的时间段已经过去，进入到了回归理性、重新洗牌的时刻。房地产依旧会是支柱，土地财政仍然会持续一段时间，但是从政府到民间已经看到，传统的、粗放式的、大干快上的年代一去不复返了。

张：就业饱和、建筑行业层级严重都是这个趋势的重要原因。我再补充一点，就是整个人类文明从"实"到"虚"的迁移趋势。

周：砚哥说的由实变虚，是有一些感觉的。我们近期开阿里云的大会，越来越多的"工业4.0""物联网"公司和我们聊天，分行分业，感觉周围已是传感器的世界。而公司年会也突出服务数据创业和物联网创业者，满足他们的底层需求。

王：没错。和这个行业趋势相对应的，是我关注到的另外一些设计行业的趋势。比如说UI/UX，属于极度需要好人才的阶段，但国内培养这块设计师的体制基本停留在技能教育，市场上看到这样的职位报价高，就有大量机构做培训。这个行业里高端人才稀缺，而低端人才满街都是。

设计很重要，互联网公司都知道，为了招到高端人才，大多数公司也都愿意付出高价。进而产生势能，进而有不少设计师想转行。再比如VR/AR，我们最近在和相关的国内顶尖的公司合作研发一些技术，所以和这个行当接触也比较多。现在拍摄剪辑一段5分钟VR视频的市价为20万元；而传统5分钟视频的市价，相类似的质量，至多1万~2万元。而钱的背后是什么？是对设计师的供需不同而产生的势能。这个势能有时候有点残酷，然而很现实。

周：是的，价值主要来自供需关系，而不是技术的难度和劳动量。

Dylan：2016年的威尼斯双年展上，Mimi Zeiger也评论了，"建筑是永远服务于权势和金钱的学科"；而在学术圈里，例如，2011 年占领伦敦运动以后，Jonathan Hill 带着他的学生在 UCL 做了一整年占领伦敦的 paper architect（纸面建筑师）研究；现实建造工作中，Airbnb 等互联网产品，也在利用信息碎片化，自下而上的逐渐瓦解原有的建筑学服务关系。我认为，其中互联网起到了不可估量的作用。

互联网产品提高了信息流动速度，将传统媒介里视而不见的声音通过聚拢而显现出来，使得建筑师走向了跨界互通的大门。而学术话语和资本市场一旦扭转，行业生态和职业形态一定会发生转变，就有了我们现在看到的更多元化的设计师工作方式。

张：Dylan 所言甚是，不仅产品和物质资源会被高效分配，人力资源乃至创造力本身也会得到高效再分配从而得到解放。在可以预见的未来，人们不必有一个明确的职业标签，人人都是 slash "／"（即 XX 兼 XX，多重身份），你可以在你乐意的任何时候工作。新的协作机制也会越来越弱化空间和时间的限制，GitHub 是很好的例子。AI 的发展会让无限的知识和人脑越来越无缝连接。

Dylan：学术圈和城市保护的设计师往往认为，互联网 UI 这块的内容对我们的研究和工作影响不大，但是我个人觉得影响很大，因为技术实际上真切地改变了使用者的生活模式和行为模式，让城市空间的功能陡然被消减或者改变了许多。所以由"实"到"虚"我觉得不如说是，由实到虚再到实，而且这种影响我相信公众已经感受到了太多。

王：我非常同意，设计门类的划分是在资本语境下的分工过程，而本质上设计是手眼脑协同改造人与物之间的交流与界面的方式，随着技术的演进，不同品类设计师之间的藩篱会越来越矮小，而且分工方式也会不断地更替和革新。所以在我看来，在这个时代的语境下，设计师的初心应该是精心设计，用更多的设计给大众带来方便和幸福感。

从行业来看，不同门类设计所供给设计师的成就感是不一样的。还是拿建筑和 UI/UX 举例。建筑师的成就也许在于，一个项目经过经年累月的打磨，最终屹立在那里，为当地人提供服务几十年甚至上百年，在岁月和人流的洗刷下呈现出不同的样子。而对于 UI/UX 设计师，以我的一位朋友举例，他说他最大的快慰，就是他做出来的界面们累计服务了全球 6 亿注册用户，每一次的优化乘以人数，就是个相当可观的变化，即使这个变化上线几个月就会被替换掉，而最终什么样的成就感对你重要，那就是第二部分要讨论的，如何判断自己的方面了。

我觉得对行业的判断，还要看这个行业能够给你多少余量、犯错的机会，以及创新的机会，一般传统行业的犯错机会越少，创新机会越少，而新兴行业反之。

张：这个不确定话局很有意思，我们四个切入的角度和关注点各不相同，让大家能对整个主题的理解更全面。周兄对我没来得及说完的"实"到"虚"做了很好的展开。首先就是物联网 / IoT，简单地说就是把世间万物都加上传感器，在连成一张大网的电子世界中创建一个和现实世界映射的世界，同时，这个虚拟的世界有时会多出很多附加价值，如整体资源实时高效调控，Uber、Airbnb都是这样的例子。

非常美妙的一点是现在这些趋势已经可以举出例子，未来的图景依然相当清晰。不得不佩服多年前 Media Lab 成立之初的创立者的远见，"media"指媒介，也就是我们现在正在讨论的 the digital world（数字世界）和 the physical world（物理世界）之间的联系和界面。1978 年 Media Lab 的互动街景地图研究项目所示，谷歌街景就与其惊人的相似。

看来，市场供求关系、学术壁垒、个人价值实现等问题都是要不要转的热点话题。大旻应该还记得，当时在纽约 SOM 绝大多数的项目的数字化仅仅局限在 Documentation（以 Revit 为主）、Automation（提高作图或建模的效率）或至多 Performance Optimization（优化建筑功能效率）中，离我想实现的设计师和计算机协同创造出全新设计的理想相去甚远。不过这也未必是一成不变的，我们已经看到，如 WeWork 和 Airbnb 这样利用信息和互联网改变资源分配模式，并改进效率的例子。这也提醒我们，未来一定不会发生在封闭的学术"孤岛"之上。

王：关于 SOM，我很尊重他们在技术上的演进，毕竟 SOM 在技术上拥有着太多的积淀和太多的聪明人。但这个体制过于稳定性，也是我当年辞职的一个原因，诚然 SOM 在现实语境下效率高且专业，然而在现实框架下的修修补补对行业是无济于事的。凯诺的模式从根本来说就是弱化时间空间限制，空间上去地理化，时间上对于学生和老师都碎片化的过程，系统性上解决好了，效率一定比传统设计教育效率高很多。

张：大旻对凯诺的远见必须赞，以凯诺来举例再合适不过。

王：对于凯诺来说，最大的问题依然在教育市场，怎么能够让市场知道你在做什么、为什么好。总结起来，其实大家能够形成共识的是，作为新设计师，对于跨界，不仅不应该感到违背初心，而且应该觉得是必须的。跨界和转行是设计师从原有协作方式和资本安排中跳脱出来，看到未来协作方式和安排是进行适应和创新的过程。未来世界虚与实，空间和时间，在整体维度上都会有很大的颠覆和变化，设计师作为个体和群体都应该适应这种变化，甚至有希望成为变化的领导者。

趋势说完了，该说个人了。作为个人，如何做出决定，是坚守初心还是跨界转行，是放弃已经建立的知识壁垒，冲到不知道是泡沫还是未来的领域，各位有什么样的切身体会和高超见解呢？

我先说说我自己的决定过程吧。我想创业是挺早的事情了，转行也不是第一次转，所以过程上没什么太多的痛苦挣扎，而且因为我转的是设计相关创业，对以前的积累来说，丢掉的东西很少，而且能够用上自己其他方面的各种能力，所以幸福感是提升的状态。

Dylan：其实最主要的是要过自己这一关，我本来就是从时装设计转到建筑系的，已经经历了一次翻天覆地的转变。当时的原因是，时装设计已无法满足我对设计研究和理论部分难以解读的着迷。

2015年特纳奖的得主Assemble组合给了我很多启发和信心，他们是一个在英国做空间改造和临时改造的建筑师团体（不是公司），通过空间改造解决英国城市再生的问题。虽然得了特纳奖，但他们不是艺术家，但艺术和建筑的边界越来越模糊，空间也可以自己展现艺术的宣言形态。

张：这里面值得讨论的一点是，我现在做的这些是不是放弃了我之前所有的建筑学方面的积累。简要来说，我觉得我只是放弃了一部分。放弃的包括行业应用方面具体的知识、人脉；可以回收利用的包括建筑设计背景的较宽的知识面、思维方式、软件（包括三维建模、数字化设计给了很好的coding基础、表达工具）等。对于放弃的这些，当然会有可惜，但我不会太介意。因为如果让我选择，我宁愿每天不辞辛苦去学新的、最前沿的、我所感兴趣的东西（以较快的速度），也不愿意反复应用自己比较熟知的、即使当时还比较创新的东西。

Dylan：我非常同意张砚的观点，放弃了一部分建筑实践的人脉、生活模式，可是思维方式和设计的训练积累实际上贯穿始终的被继承了下来，并没有丢失。这也从另一个侧面验证了，学科间的壁垒正在松动和被打开。

王：非常同意砚哥和 Dylan，我其实转行过很多次，每一次都是这种感觉。之前砚哥也有提到对于个人来说兴趣会是如何选择的核心，另外一个重要的影响为是否合适。

对我来讲，兴趣和是否合适这件事儿说起来容易，实践起来并不是很容易。比如说我大学时本科选择了土木，选土木之前我大致知道土木这行做什么，但是进去以后的感受完全不一样。"结构设计"听起来和设计有关，也是当时我选的方向，但最后你发现全世界结构设计师真正在做的事儿，是算梁厚、算钢筋，有一小部分异类，也是异类罢了。后面转了建筑，也以为足够了解才转，因为毕竟在 MichiganU（密歇根大学）尝试了一个 studio（设计课）和一个研究之后才转的。但事实上，我做的那些事儿，之前都是一叶障目，之后在学校里面学的，和在外面实践的，以及在外面研究的，很多时候相互关系都不是很大。

好在我的确很喜欢建筑，和整体来讲的设计，所以我也就泰然处之了。但是回想起这个问题，我觉得这也是我相信的一点，真正的设计需要当时在实践的设计师去教，才不会跑偏。而如何证明自己是否有兴趣，和这样的设计师一起做个项目，就明白了；如何判断自己是否合适，和这样的设计师一起做个项目，就明白了。

Dylan：对，切身实际的体验一下工作流程和氛围就知道了。虽然搞清楚自己究竟最喜欢做什么很难，但是明白自己不喜欢做什么还是很容易的。

王：我很同意。当信息变得扁平，有很多的途径可以这么干。去设计师社群看看都是些什么人、聊些什么、关心什么是一方面；去做点你原有的行业和你想去的行业的交叉的合作也是一方面。最近凯诺就有把各种设计师都引进来，用实际项目做设计室。也是出于这方面的考虑，喜欢不喜欢，和好设计师做个项目就明白了。

张：凯诺这个模式很好，补了一个国内的缺。也是应试教育惹的祸，运气不好、不满意专业的只有两个结果，进取的继续转、不进取的（绝大多数）就混日子了。

王：这种一刀切的体制不知道害了多少人。

Dylan：我接触的很多国内学生都有些惧怕 gap year（休学）。但在英国，gap year 几乎是必须的，从事一个行业你不能长期待在学院里，你必须走到人群中去，了解社会本身怎么存在和反馈的，你需要做一些不以自己为中心的工作去适应面对人群，另外，是否喜欢或适合，工作一段时间就很清楚了。

王：总之，不管从什么层面，个人、家庭，还是社会，所有的一切还是要建立在内心的笃定上。这年头做出改变的成本很低，就看自己敢不敢！其实做个人决定的时候，除了合不合适，以及兴趣如何，还有第三点，那就是经济原因的考量。其实有时候也在想一件事儿，是建筑行业会因为协作方式和技术的革新而重新焕发青春，还是行业的下滑是不可逆的了。当然，这个问题本身，就足以开一个对谈了。

周：过去的两家公司，一个用飞鸽传书传文件，一个用网上邻居传文件，文件管理和现在通过 Github 去完成分布式协作是无法比的。这可能是个很小的点，但我觉得用户是谁更重要。如果未来更大的市场是运营驱动的数字化城市，是不是城市虚拟化，也是可以用协作模型的。

而程序之所以看起来简单，我觉得是摒弃了很多难以量化的东西，并不像建筑有太多模糊的地带，所以这种严密性目前能达到的效果，直观上还是比较简单的。比如淘宝微信，好像也分得很明白，但看起来简单的背后，已有几十年发展的深河，其实是非常复杂的。数据库如何高并发，如何高内聚、低耦合、组件化，等等。我觉得在每个层次上，都有自己需要面对的复杂性，你在古代造个巴比伦塔，和埃菲尔铁塔看起来不能比，但可能难度是类似的。

王：我也是个编程爱好者，朋友里从前端到计算机科学家都有，所以我对程序员是崇敬的，他们也许不像设计师 Knows a little bit of everything，但是他们的严谨和精专，的确在当代给社会造成了更大的影响，推动着社会的发展。

周：一位物理学家在《多者，异也》写的大致意思是：这个自然界有许多的层次，每个层次都有自己的复杂性，不要鄙视别人的专业，换到程序界可能是，不要觉得底层就是好；换到建筑界可能就是，不要觉得广泛就是好。在你的位置上解决你的问题，各有所难，难处不同。

回到前端，前端有不少方向，如 WebGL 或是图形学往深了走，做 UI 框架的基本是另一个思路，也有人纠结于多浏览器的兼容问题，反正每年出几个框架和概念，说这个简单，确实看起来都挺简单的，但深坑可不少。一方面是技术的进步，一方面是收入的提升，2015年上半年应是前端工资暴涨的时期，上海毕业三年是30万元左右，我身边的人都说缺前端，知乎也在为前端正名，变化多端，领域扩张也快。

有一个比方，不知合适否，建筑转前端，像是一个橡皮泥圆柱被拉直。最初摊得很广，但是矮一些；后面被拉直了，又小又高，但体积还是那样。你的思考和精力组成的那个体积其实变化不大，但你的收入由于供需关系产生的密度高一些，所以质量变了。

王：很开心咱们已经从哲学的角度上讨论这个问题了。其实我觉得周哥那篇文章不仅限于前端，对于转其他方向也有借鉴意义。我们在转行跨界中会丢失一些东西，但是因为我们已经有的背景，也会比其他行业内的人多一些他们没有的东西。我的两次转行经验（工程转建筑，建筑转创业）告诉我，其实每次转行，你都还在用你之前得到的背景，而且甚至这个背景会变得更好用了。在跨界的时候，设计和其他学科的结合往往是乘数关系，产生的价值和效率也一般会超过想象。

周：哲学谈不上，可能只是想借这个思考来讨论咱们正在讨论的问题。选择意味着放弃，放弃意味着专业的执念和他欲的抗衡，这个实在没办法的，看每个人的情况了。专业的执念，也源于许多年的不断强化，我个人的话，走出去行业后一会儿，这种心态也就那样了。

王：建筑是个古老的学科，每个年代的引领者都不是故步自封的。柯布是经典，然而柯布的现代主义建筑在他的年代也异类过，库哈斯的解构主义好像还没有变成主流，就被BIG这类不谈主义的建筑抢了风头。貌似他们的实践中，与其他行业的交融从来没有停止，就像扎哈去世前，更多的时间在做产品设计一样。"以匠人精神做纯粹的建筑"是值得尊重的，但以初心为借口的故步自封是站不住脚的。

张：数字化设计的一些东西本来是从生物学、经济学、航空航天制造业借鉴来的，首先是引入的时候往往比较肤浅，没有深刻了解透彻就拿过来用；其次是拿过来用的目的往往还是太过于关注传统建筑方面的问题，如形态、空间、性能。总之，建筑学和其他行业间的交流就好像有选择性过滤的细胞壁，没有真正地交融。当然，这很难，但绝非不可能。

趁年轻没有太多负担的时候，多看不同领域

的东西，着重自己感兴趣的方面，看了之后找机会试一下，操作或不操作，理解的深度是很不一样的。怎么找机会操作？从参加骇客马拉松，到上一门网上零基础课程，到学习的时候找机会跨学科的研究助理都可以。

最重要的，在看与做的过程中始终问自己，这些和建筑学有什么"本质"的联系？它们之间的联系可以发展出怎样的未来？这样的未来是不是可以成为主要的潮流？听起来好像有点理论，其实做起来我觉得并不困难。比如，我偶尔会花一个下午的时间和完全不懂建筑的其他行业的朋友喝茶，聊聊他们的理论，或者去报个跟建筑没关系的短期课程，回过头来，你发现联系就在其中，而承载这一切差异也好，共同性也好，就是我们的生活本身，换句话说，那个交点，就是我们自己。

最后要说的话，我想到了居伊德波在《景观社会》里面说的那样，我们每个人的内在都在成为"分离"，那种行业本身的消极会对曾经期许的愿景，不断地在每个设计师的内部分离，又以分离的方式在景观（spectacle）之中成为统一。在不断图像化的社会里，或许我们只能在不同的行业交叉汇聚处找到刺激和快乐，好像又不是，或许是因为现在正是往窗外望去一片混浊的时间点。但是好歹还是有窗户，所以要站在远处向里向外看。

王：如果前面的这段比较艰深的对话大家没有看懂，可以看看我的如下"翻译"：

周哥引用的层级理论，无外乎是想告诉大家，每个专业其实都有其以不同形式体现的复杂度，你别觉得建筑复杂，也许其他行业入门容易，做好了也很难。做一个趋势性且能体现门槛的行业，个人价值更易于实现。

我写的"递弱代偿原理"，其实是想跟大家说，在人类历史的长河中，建筑作为行业的影响力衰减也许难以逆转。作为建筑设计师，应该去考虑自己在新的分工体系下，不断寻找，能够通过参与行业变革，找到自己新的方向，作出贡献，这些都是值得鼓励的。

砚哥的"融合的球体"，是在讲，我们热爱的建筑，需要通过行业融合交流，获得更长足的发展进步，我们个人，也需要不断尝试，通过"建筑＋不同行业"，找到未来的潮流。

Dylan 的分离和统一，是在谈融合的方法，对于我们来说，也许跳脱出来，抛开本行，体验和探索，然后再回望，看到与建筑的交叉点，除了其中的"刺激与快乐"，我们会发现，交叉点就是我们本身……

市政厅幻象 / 王一楠
City Hallucination

819 宾州大道 / Honglin Li
819 Penn Avenue

清真寺设计 / 金立晗
Islamic Distiller

空间编织 / Wendy Teo 团队
Spatial Weaving

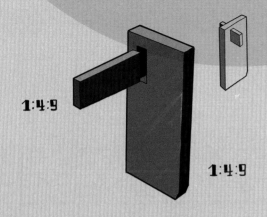

1:4:9

1:4:9

第三把锁黑得发光，表面打磨光滑得可以照出自己的皱纹。锁是完美的方块，长宽高的比例是 1∶4∶9，库布里克最喜欢的三个数字。长条的黑色钥匙拿在手里居然这么沉，但是很奇怪插进锁眼儿没有拧，锁就开了。

垂直立在抽屉中间的是一个圆柱形的钥匙，上面没有任何突起。除此以外抽屉里只有一张地图，上面用五种颜色圈出不同的区域。市政厅被标上了黑色十字，几个住宅区被画上蓝色大圈圈，穿过城市的一条主干道整个被涂成了紫色，穆斯林居民区被绿色的方块框起来，地图的左下角胡乱地用红笔写着"送到走廊尽头第三个门"。

于是，我和耗子成了队友。虽然家里这个灯不省油，但是在工作环境里他有洁癖癌，每周五都要从前扫到后，一定把专教要整理出规矩。做完模型他按照材料颜色和形状把东西分成整整齐齐的五堆，然后把所有的东西逐个儿放进垃圾桶里。"老张老张，"别人这样招呼他，"方案出完了么就归置东西？"

"你们这个顺序有问题儿啊。"老张白眼儿翻上天。

我的桌子一样被照顾，细到连我的工具上写的名字缩写都要一统朝向，每个字母 P 都朝右。他给自己立了几斤重的规矩，"不抽烟、不喝酒、不吃辣、不骂街、不网游、不熬夜、不怪力、不乱神"，并激光刻了个板子压在图纸上以免有干净的浮尘落灰在他理想主义的方案上。是的，连他的灰尘都一尘不染。出于职业病，他还很擅长分类，一小时里的日程安排可以精确到半分钟。如果时间有形状，他质量最重的时间就是正方形的。

市政厅幻象
City Hallucination

作者：王一楠
时间：2015 年 秋 至 2016 年 夏
地点：美国

在哈佛大学深造的最后一年，我做了一个大胆的决定：我要做一个关于美国市民中心的研究与设计。

在杭州上大学的时候，记得当地居民聊起过当年新建的市民中心，"因为建成规模大于首都的市民中心而不敢用于政府办公，之后只能部分用作杭州图书馆或商务写字楼"。而后在进入波士顿深造时，更加感慨于当地市政厅险些被推倒重建的窘境。促使我把毕设题目确定一事，还要提到达拉斯市政厅。其独特的建筑形态可以在展示内部政府官员办公的同时，映射出整个达拉斯市中心的城市天际线，高度传达了政府的透明性并充分体现了城市意象与人民意志。然而，市民广场上如今稀稀拉拉躺着三五个流浪汉，连只鸟都没有。这和设计师的初衷相差甚远，也直接激起了我对此类公共建筑研究与设计的兴趣。如今，众多市民中心面临着被拆除、被迁移或被改造的处境：内华达州北拉斯维加斯市民中心上层被改造为豪华公寓；得克萨斯州埃尔帕索市民中心被八秒爆破拆卸，取而代之的是一个 AAA 级联赛棒球场。

从研究中发现，市民中心的概念最早从欧洲流入北美，起初是为了对抗贵族与教皇而设立的自治小组。这些早期的村委会（如 Palazzo del Broletto）建在村落的中心地带，底层多为菜市场，二层是村民代表办公的小房间。菜市场成为村落里最活跃的公共空间，同时体现了"政府是大家的"的理念。

时至今日，市民中心逐渐从全职转变为专职，多以"办公室"的形式出现在城市中心。这些现存的"政府办公楼"影像与人民的意愿相差甚远。我认为其主要原因是当今市民中心多寄生于一个"雄伟的"建筑表皮下，而不是作为一种特定的建筑类型存在于城市中心。

我的毕业设计主题就是研究市民中心在美国城市展现出对政治形态、空间形态与文化形态的态度，以及提出三个不同城市形态下市民中心的设计。以此帮助人们理解如何将作为城市建筑中，必须且唯一的市民中心，定义为一种建筑类型。

设计的场地定为三个。这三个场地的城市形态上既各有差异，又能概括美国城市的大致特征，同时这三个地区又刚好有新建、重建或加建市民中心的需求。最终设计的结果也与这些典型的城市形态有着密不可分的关系。

第一块场地为城市中心：马萨诸塞州波士顿市。其设计思路如下：

（1）增加住宅密度，以此在更大尺度上定义"市民中心"的边界与秩序；

（2）引入立体公共活动层，通过连接行政中心与城市集市进一步还原"菜市场+办公室"的业态；

（3）改变现存建筑形态，将市民中心的可见性放大，让市民在步行或车行中更可能与之有视线上的交流。

第二块场地为郊区：肯塔基州帕迪尤卡市。其设计思路如下：

（1）建立新的轴线以连接市民中心与现存城市主要步行街，将原中心重新纳入行人的视线；

（2）整合并重组原有街区，引入新的公共与居住建筑群以提高居住密度。

第三块场地为城市边缘：新罕布什尔州杰弗里市。其设计思路如下：

（1）建立新的中心秩序：在县城中心设立新办公区域，最大化满足办公与公共空间的结合，形成一个"透明"的政府机关；

（2）原城际高速五岔路口将被环岛所取代，以便在提供公共空间的同时优化现有干路交通流线。

整个毕业设计答辩为 15 分钟展示与近 1 小时的交流时间，幻灯片 +10 张 60cm x 180cm 展示板 + 建筑模型。评图嘉宾由校内教授、其他学校教授以及波士顿城市规划中心的在职人员组成。嘉宾普遍认为，这是一个思路清晰、完成度高、主题明确的毕业设计。此毕设最终获哈佛大学城市设计毕业设计奖。

136

现存最早的市政厅前身 Palazzo Del Broletto

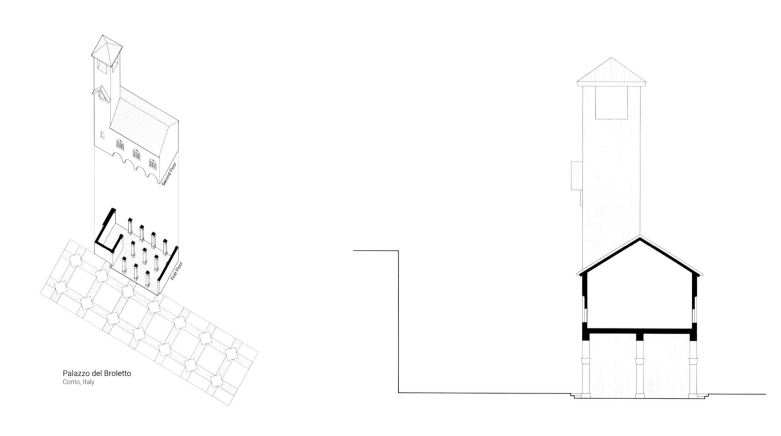

Palazzo del Broletto
Como, Italy

纽约市政厅部分特征分析

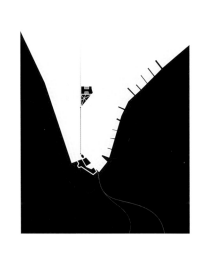
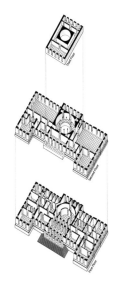

envelope: 730 ft
7.5%

NEW YORK

State
New York

Land Area
361.4 m²

Population
8,491,079

Year of Construction
1810

Year finished
1812

Architect
Joseph-François Mangin
John McComb, Jr.

Architecture Style
French Renaissance exterior
American-Georgian interior

Total Floor Area
45,000 ft²

Building type
Buillding + Plaza

The architectural style of City Hall combines two noted historical movements, French Renaissance, which can be seen in the design of the exterior, and American-Georgian in the interior design. The building consists of a central pavilion with two projecting wings. The design of City Hall influenced at least two later civic structures, the Tweed Courthouse and the Surrogate's Courthouse. The entrance, reached by a long flight of steps, has figured prominently in civic events for over a century and a half. The domed tower in the center was rebuilt in 1917 after the last of two major fires.

市政厅分析图集

美国主要市政厅建设时间分布与同时期建筑风格归纳

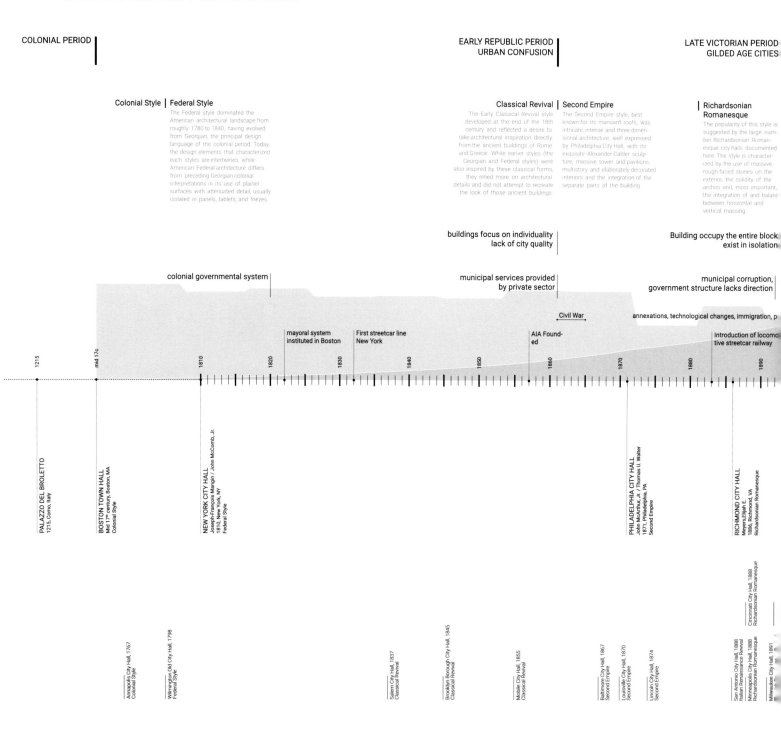

| EMENTS OF REVIVAL PERIOD | CONSERVATIVE | THE DEPRESSION & | MODERN MOVEMENTS |
| DISCIPLINE & IMPERIALISM | REACTION | ESCAPISTISM | SUBURBANIZATION AND URBAN RENEWAL |

Revival Style
All of the 1920s city halls documented were designed in revival styles but not in the disciplined Beaux-Arts classicism of the previous period. Instead, the city hall architects had the newfound freedom to be frivolous, to draw from a variety of historic architectural sources.

Art Deco
The Art Deco style is one of the easiest to identify since its sharp-edged looks and stylized geometrical decorative details are so distinctive. The city halls built during the Depression fall into two categories of what can be viewed as escapist architecture-building evoking either this country's glorious early days or a science-fiction future.

Moderne Style
Modern architectures reconcile the principles of *form follows function* underlying architectural design with rapid technological advancement and the modernization of society. It advocates simplicity and clarity of forms and elimination of *unnecessary detail* found in previous classical styles. Throughout the 1960s many city halls were built in the modernist style, which remains in active use today.

Post-modernism
Neo-modernism
Brutalism
Futurism
Constructivism
International Style

ings,   no private office rooms   slums and deteriorated downtowns   Increased specialization
other   buildings focus on urban quality   cleared out for civic and business use   of buildings

ommission system
f government

d growth   World War I   World War II   Interstate Highway System

ion, Chicago   Immigration Act of 1924   Black Thursday   Definition of "urban area" revised
               Restriction of European immigrants   The Depression   US Census Bureau

1910   1920   1930   1940   1950   1960   1970   1980   1990   2000   2010

DES MOINES CITY HALL
Proudfoot & Bird
1909, Des Moines, IA
Beaux-Arts

CLEVELAND CITY HALL
J. Milton Dyer
1912, Cleveland, OH
Beaux-Arts

LOS ANGELES CITY HALL
Austin Parkinson / Martin
1926, Los Angeles, CA
Revival Style

BUFFALO CITY HALL
John W. Cowper Company
1929, Buffalo, NY
Art Deco

SAN BERNARDINO CITY HALL
César Pelli
1972, San Bernardino, CA
Modern

BOSTON CITY HALL
Kallmann McKinnell & Knowles
1963, Boston, MA
Brutalist

TEMPE CITY HALL
Michael Goodwin
1969, Tempe, AZ
Modern

DALLAS CITY HALL
I. M. Pei and Partners
1972, Dallas, TX
Brutalist

Colorado Spring City Hall, 1904
Classical Revival

Sacramento City Hall, 1909
Beaux-Arts

Oakland City Hall, 1910
Beaux-Arts

Jacksonville City Hall, 1911
Chicago School

Tampa City Hall, 1914
Beaux-Arts

Pasadena City Hall, 1927
Revival Style

Atlanta City Hall, 1928
Neo-Gothic

Miami City Hall, 1931
Art Deco

Kansas City Hall, 1935
Art Deco

Oklahoma City Hall, 1936
Art Deco

Houston City Hall, 1938
Art Deco

Detroit City Hall, 1951
International Style

Bakersfield City Hall, 1952
Modern

New Orleans City Hall, 1958
Modern

Tulsa City Hall, 1960
International Style

Greensboro City Hall, 1965
Brutalist

Clearwater City Hall, 1966
Modern

Scottsdale City Hall, 1968
Modern

Fort Wayne City Hall, 1969
Modern

Fort Worth City Hall, 1969
Modern

Long Beach City Hall, 1973
Modern

Columbus City Hall, 1972
Modern

Riverside City Hall, 1975
Modern

Fall River City Hall, 1976
Brutalist

El Paso City Hall, 1979
Modern

Orlando City Hall, 1989
Postmodern

Fresno City Hall, 1991
Postmodern

Phoenix City Hall, 1992
Modern

Austin City Hall, 1999
Modern

Seattle City Hall, 2001
Postmodern

San Jose City Hall, 2002
Postmodern

Chandler City Hall, 2010
Modern

Las Vegas City Hall, 2010
Modern

Washington City Hall, 1904
Beaux-Arts

Chicago City Hall, 1909
Classical Revival

San Francisco City Hall, 1913
Beaux-Arts

Pittsburgh City Hall, 1915
Classical Revival

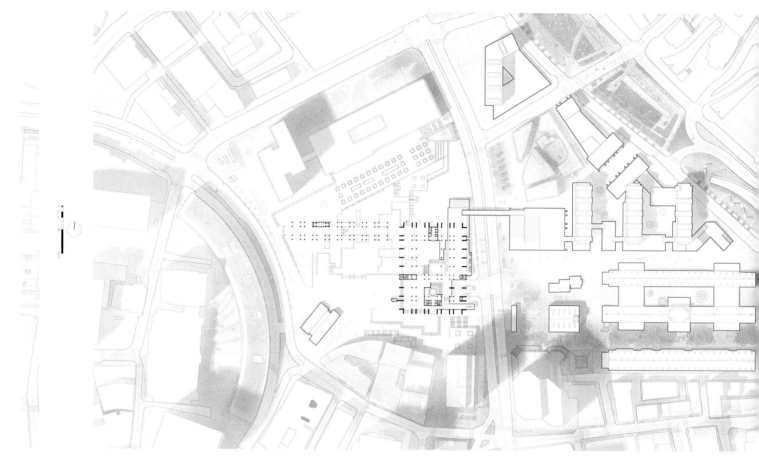

设计为场地提供层叠的公共空间

高密度的住宅体量界定公共空间的范围

提供新的视线可达性

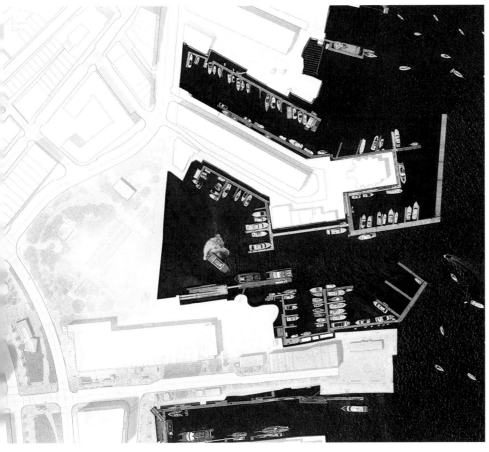

波士顿市政厅一层平面图

波士顿市中心鸟瞰图

波士顿市中心轴测图

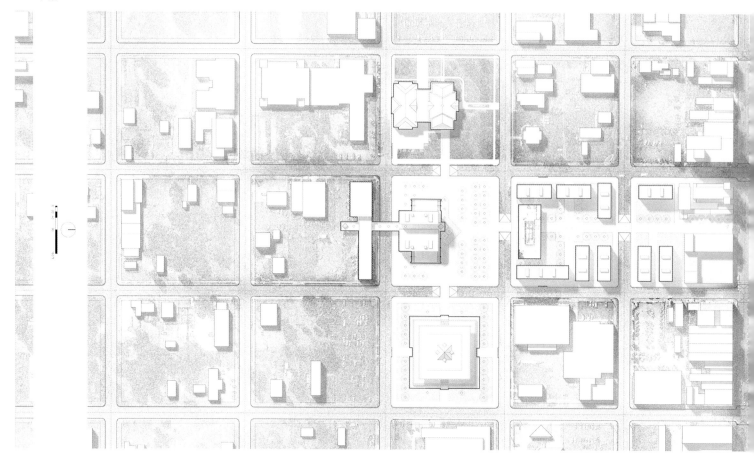

新公共空间轴线与原有城市中心区的交接

高密度的住宅体量界定新的公共轴线

新老办公建筑的对景

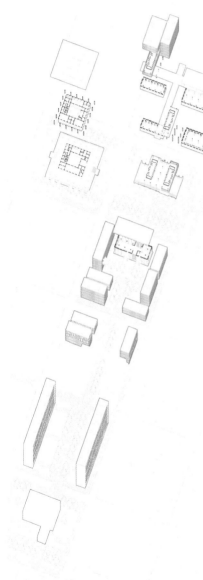

帕迪尤卡市政厅一层平面图

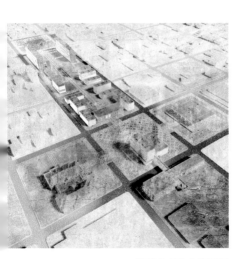

帕迪尤卡中心鸟瞰图

帕迪尤卡市中心轴测图

新政府强调建筑与自治的透明性

新的镇政府对公众具有很强的可视性

从地方火车站看镇政府

杰弗里镇政府一层平面图

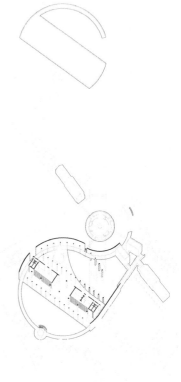

杰弗里镇中心鸟瞰图

杰弗里镇中心轴测图

819 宾州大道
819 Penn Avenue

作者：Honglin Li
时间：2015 年 春
地点：匹兹堡

  819 Penn Avenue 作为我本科的毕业设计，算是对美国本科建筑学教育的一次总结与反思。设计选址位于曾经极其辉煌的世界钢铁之都——匹兹堡。像很多成型较早的传统美国工业城市一样，如今的匹兹堡已失去了往日的活力，下城区面临的相对老旧的建筑形式和功能上的单一性，以及公共空间的缺失等问题已经让居民感到不适。这个项目是为匹兹堡下城区单调的商业大楼建筑群以及居民有限的活动空间提出的解决方案，希望能打破传统写字楼的形式，创造一种形式分离但功能上结合紧密的公共空间，并且探讨一种全新的建筑结构系统以及被动式设计系统。

  本科毕业设计因为学校教育特点和课程要求的关系，我并没有把脑洞开得很大。没有将空想和讽刺作为设计主题，背后也没有过多的对社会复杂问题进行讨论和反思。而是完全从现实出发，在既定的场所和建筑红线内，限定的利用率和预算中，基于真实的建筑规范和城市规划法的情况下，进行创新和选择最优化的设计。在这个叫 The Integrated Design Studio 的课程中，主指导是曾担任过美国建筑师协会会长 (AIA President) 的终身教授，同时配备一个顶级建筑事务所的高级结构工程师和一个高级电气工程师来对学生提供设计美学以外的专业辅导。旨在让学生体验和尝试解决在建筑事务所设计项目时所面对的真实挑战，增进作为建筑师协调各个领域的能力。我所经历的美国本科教育相对传统但极其扎实，强调实验性创新和实践紧密结合，希望培养出来的建筑学生可以在艺术家和工程师中找到合适自己的平衡点。这份经历虽然让我受益匪浅，但也略有遗憾。希望在学生时代研究生的毕设中可以不将重点纯粹地放在建筑设计上，而尝试挑战一些跨界的东西和边缘领域，毕竟进入专业工作领域之后所做的设计将会越来越趋于现实，而年少轻狂、脑洞大开的学生时代终究会和我们渐行渐远，成为永远回不去的昨天。

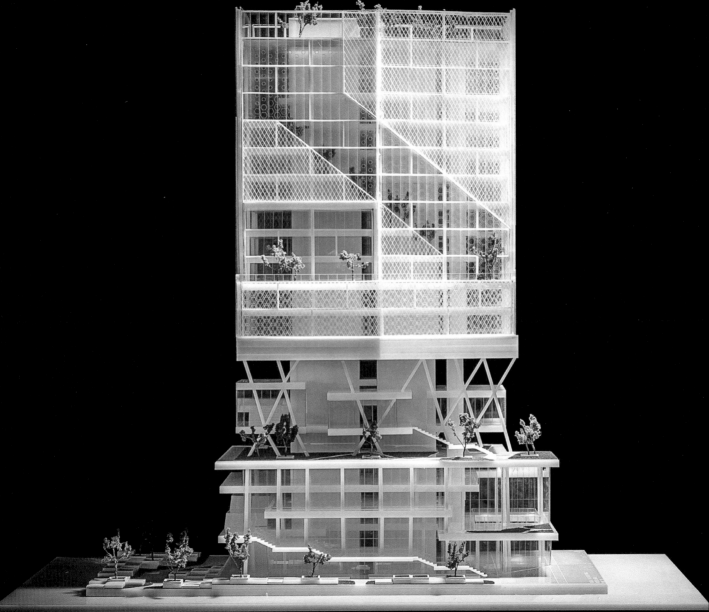

场地分析

现有的场地基于由 2006 年匹兹堡基金会所提出的 The Behnisch Plan- "RIVERPARC" 计划，意在解决早先规划的州际高速阻断市民与河岸的联系问题，重塑人与河的自然空间，希望能创造一个优先考虑行人无障碍的环境，允许空间通过密集使用而繁荣的文化社区。在 RIVERPARC 计划中，这个独特社区将被称为"城市客厅"，为各个年龄段的人们提供广泛的机会享受市中心的生活。遵循 The Behnisch Plan - "RIVERPARC" 计划的设计理念，该设计建筑物融合了丰富的底层设施，使公共街道和广场能够互相交流，摒弃单一化的功能，最大限度地为邻居们提供可以进行社会活动的场地。

重新定义公共空间

Site locates in the edge of downtown high rises, close to water front, no direct view to the river.

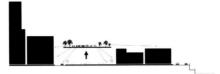

Uplift site to create double major public space, an above ground garden provides incredible view to Pittsburgh's river, mountain and urban view.

Create a spiral path from the ground to the high level garden, connect green spaces.

Follow this path the destination of this journey will be three boxes functions as lobby, bar and lecture stage.

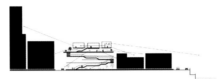

People can experience exceptional urban views from different elevations.

The sky garden spares the culture space and office space both visually and physically, also acts as an shared space for both programs.

倾斜中庭

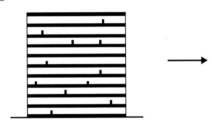 → 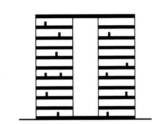 →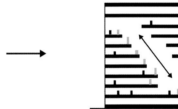

By shifting the floor slabs horizontally to introduce a diagonal atrium both a physical an visual relation between the different floors is created and a great green space with double height.

场地鸟瞰

永续设计

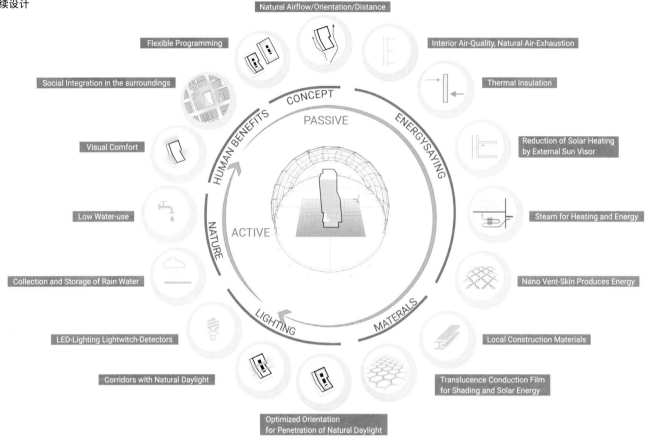

表皮研究

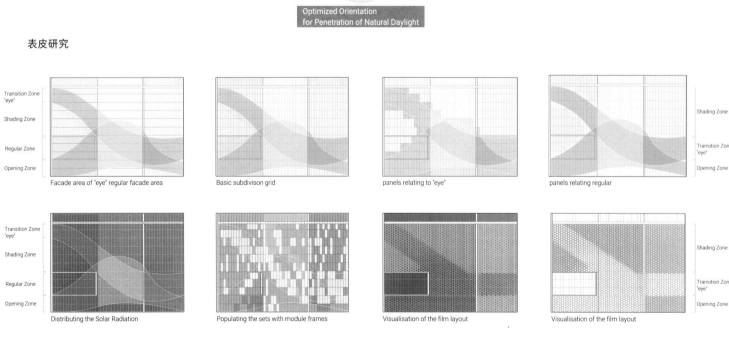

功能图表

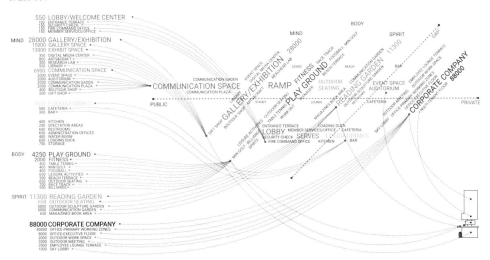

被动式设计

 RAINWATER STORAGE
Besides being climate protective, slabs and parapets are strategically set as rainwater untakes and containers, stored rainwater is reusable for irrigation and frainage flusing clearance.

 NATURAL LIGHT
Window heights and open facade systems all sun light to shower every level. while slabs and parapets cast shadow in south and west sides, making the building a comfortable stance environment.

 LED LIGHTING
These are best described as semiconductors designed to glow. Clusters of small LEDs can be arranged in a lamp that fits into a conventional socket. They typically activate a phosphor coating on the inside of a bulb-shaped shell for a uniform, omnidirectional effect.

 LIVING MACHINE
The initative of placing living machine to reuse waste water, combined with organic waste recollection form office levels is an innovative technology that allows composing generation to be used on green areas and landscape as a natural and economical fertilizer.

 NATURAL AIRFLOW
Shape of the building in an ideal naturally ventilated environment, displaced levels allow an aerodynamic wind flow to set best possible temperatures for maximum comfort reducing ad usage in the summer.

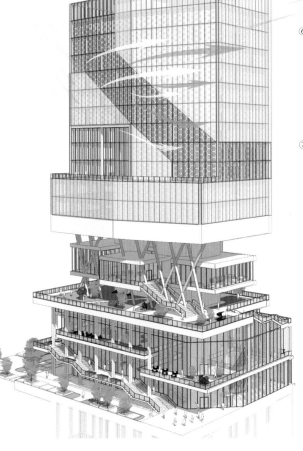

 TRANSLUCENT PHOTOVOLTAIC FILM SYSTEM
Translucent photovoltaic film that can be spread over large areas to absorb light and create an electrical charge. By using this film also can shade the building, different sizes of opening honeycomb-patterned thin films based on solar study and algorithmic design.

 ACTIVE FACADE
Factor such as urban context, work styles, daylighting, and sun orientation all worked together to mold the form of the iconic tower. Energy-saving tactics, like the double-skin facade, also set the stage for a exciting innovation: a breathable outer skin. The doble skin gives people the ability to open windows. Making this work requires a high-performance system of automated. operable panels.

On appropriate days, some windows on exterior can be opened automatically.

On hot and cold days, the building facade remains closed.

On optimal weather days, window on the exterior can be opened, signaling that the building is breathing. When that happens, air fills the cavity and dampers in the inner wall admit fresh air into the offices in 100 percent passive mode.

⑧ PROGRESS

Divide programs into two major parts, public and private.

Shape the building to adapt wind flow, optimize solar collector and create iconic form.

Add Translucent photovoltaic film create an electrical charge and shade the building south and west sides

Add double skin to enhance facade performance and allow natural ventilation.

结构系统

Superstructure

Steel columns and a large center core carry the loads to the ground. Columns that are exposed in the gap of the building are crossed to shorten the bracing.

Core-Support

The core has over 4 feet thick high strength shearing wall to carry the loads and hold the building steady.

Truss System

A full height truss level is place below the upper half of the building to reduce the exposed columns.

Secondary Structure

The secondary structure connects the double facade of the building in the private part of the building.

集成系统

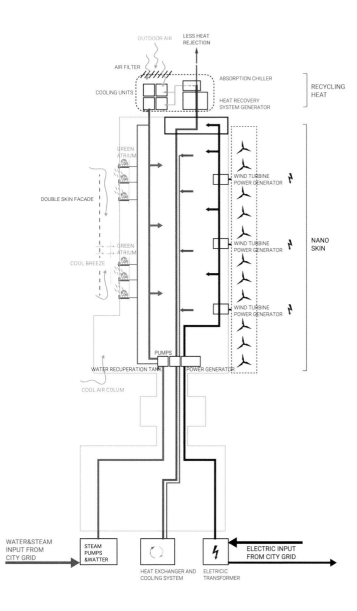

Elevation 1

Section 01

Elevation 2

Section 02

倾斜中庭

通过水平移动楼板引入倾斜的中庭，不同楼层之间的物理和视觉关系被创建。倾斜中庭通过小块的绿地连接，形成庭院、露台和屋顶花园，使每个工作空间都拥有充足的阳光和新鲜空气。建筑通过八层高的倾斜中庭向匹兹堡市区打开，作为工作场所与外界之间的窗户，为该建筑物提供了核心的社交中心，并作为减少建筑耗能的环境缓冲区。

主入口

819 Penn Avenue 的主入口位于西南角。斜向的切割为建筑物的主要入口创造了积极的空间，上层也为该区域提供遮蔽，这也将是螺旋走廊的起点。

空中花园

建筑位于下城区高层建筑群的边缘地带，虽然靠近水滨却被州际高速隔离。空中花园高于地面 65 英尺，通过将花园提升来创造双重公共空间，匹兹堡的河流、山区和城市景观将尽收眼底，形成令人难以置信的景致。空中花园作为底部的文化表演艺术中心和螺旋走廊系统的终点，以及上部办公塔楼的起点，在视觉和形式上将其彻底分离，同时也成为两个部分以及公众的共享空间。

次要入口

819 Penn Avenue 的次要入口位于西北角，服务于 The Behnisch Plan 设计规划的社区。同样具有斜向的切割以打开并指示入口的位置。建筑的使用者可以通过这个入口访问后部花园以及到达河滨。

多功能体块

螺旋走廊系统最终截止于三个方形的体块。这些体块功能分别为大厅、酒吧/咖啡厅和讲堂。位于下部文化中心和上部的办公区中间，模糊了公共和私人之间的界限，同时也是空中花园的一部分。二者相互交汇融合，为公众提供更完善的服务。

餐饮区域

餐饮区域紧挨核心筒的一侧，三层通高的空间，通过玻璃幕墙向街区开放。该餐饮区不仅可以为建筑本身服务，同时也面向整个社区。人们在这里进餐的同时可以体验匹兹堡独特的街景。

螺旋走廊系统

匹兹堡的城市空间通过走廊系统和阳台在该建筑中得到延续，同时形成一个多样化的连续活动场所。通过从地面主入口处到空中花园多功能体块的螺旋路线，连通下部文化中心所有的楼层，连接建筑内部和外部的模糊空间成为重要的流通路径。

清真寺设计
Islamic Distiller
作者：金立晗
时间：2015 年 夏
地点：开罗

2013 年暑假，当父母在家中忐忑地看着埃及暴乱的新闻，我只身登上了前往开罗的飞机。恰逢穆斯林斋月，原本为期一个月的志愿者活动被安排得七零八落。不同于旅行，这是一种完全置身于当地的生活体验：昏暗而闷热的地铁，热情的埃及青年，油嘴滑舌的小贩，言而无信的出租车司机，随处可见的持枪警察，断断续续的供水供电，日复一日响彻全城的《古兰经》的广播……无数混乱的碎片被揉成记忆，塞进我的脑中。我感过冒，上过当，受过伤，待我回过神来，我已坐在了开罗机场候机厅。

在日后的回忆与交流中，记忆的碎片连带着一幕幕场景被渐渐地串联和清晰。这是一个缺水的国度：街上饮水桶边排起了长长的队，他们共用一个饮水杯。这是一个伊斯兰国家：每当诵读《古兰经》的广播在全城回响，街上的穆斯林便走进附近的小清真寺，开始祷告。而我也渐渐地意识到，似乎可以通过设计，来回应我的这段经历。伊斯兰教教义、清真寺、高温干旱、水资源匮乏，这些因素最终被联系成一个完整的设计逻辑，并聚焦在一个小小的清真寺上。

之后的设计水到渠成，整个设计在短短两周内完成。首先将饮水习惯与祷告习惯结合，是基于对伊斯兰生活的亲身体验。而进一步将自己设计的蒸馏系统嵌入清真寺的结构单体，是源于之前在自然科学上的知识积累。记忆中的埃及，阳光充裕，这也让我相信蒸馏装置的可行性。而进一步的计算也验证了我的猜测：单个清真寺可以满足周围整个街区约 500 位居民的日常用水需求。

设计所采取的运作模式，不仅可以应用于某个单一的清真寺，更可以作为一种实施策略应用于更广范围。从土耳其到巴基斯坦，都具有类似的生活习惯、建造模式以及相近的气候条件，因而这种街区级的净水小清真寺在中亚地区将具有很好的可实施性。

整个设计来源于一次独特的生活体验，大量的一手资料推动着我一步步深入。它是真实的，它是可行的。相比之下，坐在电脑前分析卫星图，或是拼贴场地照片，这些都将剥夺设计师的真实感受，最终影响设计的每一个判断。这是危险的、不负责的，很容易让设计师陷入自我想象的不真实的场景中。设计师必须真正置身于当地环境，去生活、去经历、去体验。

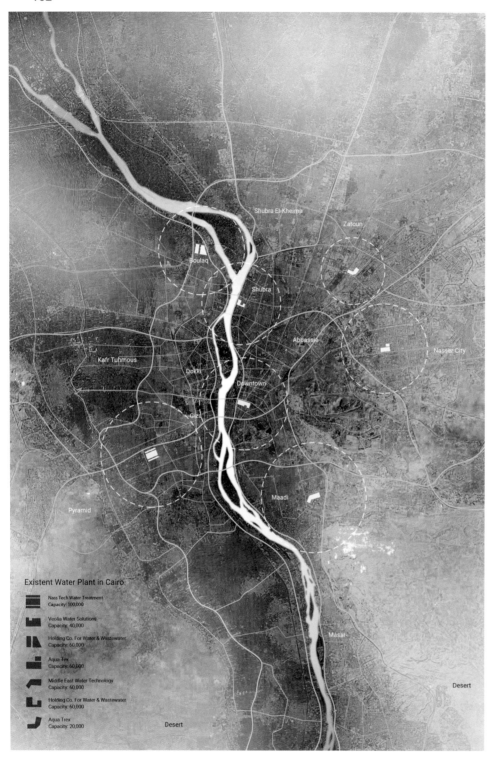

埃及供水与饮水卫生现状

通过查阅官方数据，我更全面地了解到埃及在水资源方面的匮乏。从 2005 年起，埃及被定级为缺水国家，平均每人每年用水量不足 1000 立方米。

更严重的是，埃及人口很有可能在 2025 年突破 95 000 000 人，也就意味着埃及人均年均用水量将只有 600 立方米。据统计，埃及每年约有 17 000 名儿童死于痢疾，其中很重要的一个原因就是饮用水卫生问题。很多自来水厂没有得到足够的维护，因而导致生活水源中有大量的寄生虫、病毒和病原体。在埃及，水资源问题，尤其是干净的饮用水资源，亟待解决。

建筑结构作为净水设备

蒸馏系统被设计在每个建筑结构单体中。下部的柱子内嵌有进出水管，负责运输蒸馏前后的水。顶部的伞状结构内设有蒸馏皿，较大的表面积保证了充分吸收阳光并蒸发。最上部是冷凝膜，将蒸发的水重新冷凝并收集。

另有两个简单的外部设备放置在地下室，水泵负责将水打入上部的蒸馏器，水箱用于收集干净的水，再将水分配到清真寺的不同出水口。根据数据，开罗的年均蒸发量是1 200毫米，即日均蒸发量5.8毫米。蒸发量乘以屋顶的蒸发面积，就是大约每日可蒸馏产生1 726升的纯净水，也就是可以满足周围街区约500位居民的日常用水需求。

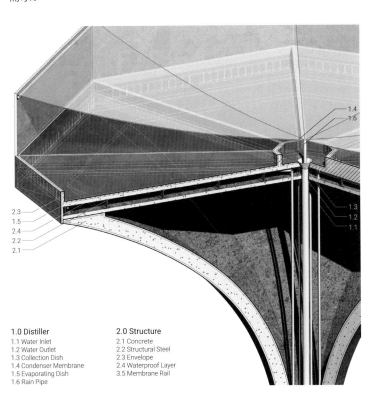

1.0 Distiller
1.1 Water Inlet
1.2 Water Outlet
1.3 Collection Dish
1.4 Condenser Membrane
1.5 Evaporating Dish
1.6 Rain Pipe

2.0 Structure
2.1 Concrete
2.2 Structural Steel
2.3 Envelope
2.4 Waterproof Layer
3.5 Membrane Rail

传统布局

清真寺严格按照伊斯兰教的规定进行平面布局。空间序列从门廊开始，接下去是中庭、主祷告厅，最后是朝向麦加的壁龛。自来水龙头不仅被设置在中庭中供使用，也设置在清真寺外部，供路人饮用。

首层包含了所有的仪式性空间，为祷告提供了合适的氛围。周围居民可以在祷告后很方便地获得干净的水源。办公室和学习室也被设置在一层。首层的墙被镂空为伊斯兰独有的花纹，保证通风采光的同时，又营造了清真寺独有的宗教氛围。为了保证宗教氛围，所有的外部设备被安放在地下室，包括水泵、水箱和供电设备。

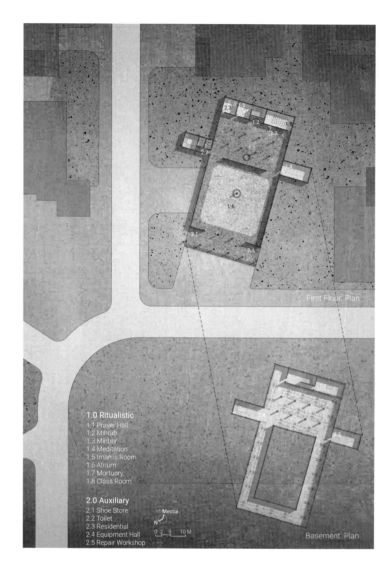

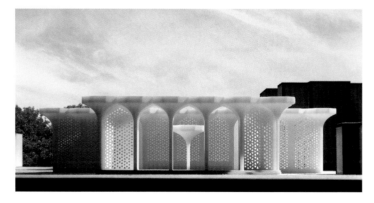

"Salah"：一日五次祷告

祷告是伊斯兰教义中的"五功"之一。祷告，是每一个穆斯林既是身体更是心理上的必修课。

穆斯林被要求每日祷告五次。除非特殊的疾病和不可抗拒的原因，穆斯林不能无故缺席任何一次祷告。五次的祷告时间由太阳的位置决定，分别是晨礼、晌礼、晡礼、昏礼和宵礼。

实施策略：祷告后的干净水源

设计考虑到穆斯林一日五次的祷告习惯，通过将蒸馏装置设置在屋顶上，从而使当地随处可见的小型清真寺成为日常的饮水场所。

每次祷告结束后，穆斯林们可以直接方便地获取到从屋顶蒸馏得到的纯净水。该设计不仅仅是一个单一的清真寺设计，更是一种可以应用于更广范围的实施策略。

中庭和门廊空间

中庭空间由柱廊环绕,是清真寺的中心。这是一个安静的与世隔绝的场所,供穆斯林们交流、休息以及进行祷告前的洗礼。该设计中,中庭也是饮水场所。因此,设置在中庭的自来水龙头被设计为两个出水口,分别用于饮用和洗礼。出水口可通过简单的开关进行切换。

门廊空间是清真寺的入口,将清真寺与外部隔开,保证了清真寺内部的安静氛围。

主祷告厅

　　主祷告厅承担伊斯兰教的多种宗教活动，不同活动中人的行为需求也不同，因此不设有家具。人们可以在这里聚集，或站立或席地而坐。与入口相对的壁龛朝向麦加，使每一个朝拜者可以面向麦加进行祷告。壁龛内部和周围也不设有家具。

　　在祷告期间，主祷告厅是一个朝拜之地，信徒们排队朝向麦加进行自己的祈祷仪式。而在平常，主祷告厅又是一个供周围居民交流和学习的场所。

空间编织
Spatial Weaving

作者：Wendy Teo 团队
时间：2016 年 夏
地点：伦敦　婆罗洲　中国

导师
Wendy Teo
英国皇家建筑师 UK ARB/RIBA
UCL 建筑 PartII 硕士
婆罗洲艺术集合召集人
伦敦福斯特建筑事务所

此文为凯诺空中设计课开设的"空间编织"主题设计室优秀作品赏析。
设计室由 Wendy Teo 老师主导，选出一份最佳设计奖、两份入围奖。
最佳设计奖：王梓如　张艺
入围奖：刘鑫　赵皎月　李静姝　吴俊杰

Wendy Teo 工作坊探究建筑四大传统建筑工艺（夯土、陶瓷、木工与编织）中的编织工艺。在历史上相较于其他的三大工艺，编织工艺并没有如其他三大工艺般被发挥得淋漓尽致，毕竟编织这个工艺依赖的是群体的协调与合作，男人和女人过去在这个建筑工艺上必须要相互配合。因此，导致若进入小型施作与有限的人力施作时，这个方面的工艺发展就被这样的前提限制住而无法发展。

这个工作坊通过几何编程与手作模型相协调的设计方式，去找出编织工艺在婆罗洲编织文化背景之下的可能性。期待学生可以从婆罗洲编织的背景知识中进行系列的设计实验、模型手作及场景模拟去探讨出空间编织的成果。这个工作坊的媒体合作伙伴为非营利组织 Borneo Art Collective。

与此同时，学生的学习进程也会被放入一个称为 MIND42 的线上合作 mindmap，让其他人可以跟进学生每一个阶段的思路并且提供意见。设计的过程分成两个阶段：第一阶段为个人阶段，第二阶段为双人组队阶段。在后者，两份个人设计将合璧成一个设计。

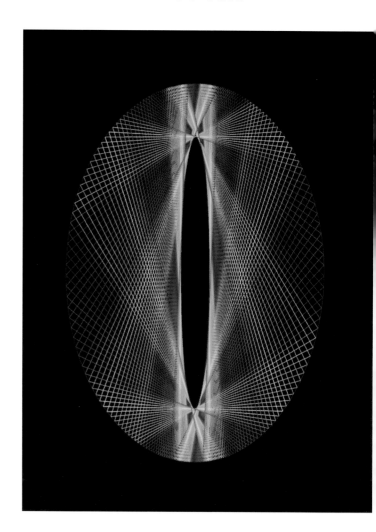

1 — 4 周课程安排
Grasshopper - 参数设计操作

[第一周] - 2016.07.10
研究主题介绍
1-1. 主题介绍，案例介绍，讨论
1-2. 个体设计方向讨论，两人组队名单
功课：Grasshopper 练习，设计思考推演

[第二周] - 2016.07.17
课程：编织设计思考基础工具探索
2-1. Grasshopper 参数设计操作，从点、线、面操作到图腾设计，对象关系安排
2-2. 1 对 1 学生进度讨论
功课：Grasshopper 数字模型探索

[第三周] - 2016.07.24
课程：编织对象层次安排，结构安排
3-1. Grasshopper 探索结构分辨率，仿真
3-2. 1 对 1 学生进度讨论
功课：Grasshopper 数字模型探索，置入材料 + 功能 + 设计信息

[第四周] - 2016.07.31
课程：材料探索，结构衔接
4-1. 数字模型结构转换与实验的尺度，过程与呈现
4-2. 1 对 1 学生进度讨论
功课：Grasshopper 数字模型探索与阶段性总结，期中评准备

5 — 8 周课程安排
方案设计与探讨

[第五周] - 2016.08.14
期中评，双人设计整合，衍生新定义
5-1. 设计期中讨论，学生设计呈现
5-2. 个人设计整合成双人设计
功课：设计案衍生

[第六周] - 2016.08.21
原型探讨，输出
6-1. 学生决定生产 1:10，1:1 方向并与导师讨论
6-2. 1 对 2 学生进度讨论
功课：原型生产

[第七周] - 2016.09.04
展览设计，呈现整合
7-1. 学生探索呈现方向与团队案子的呈现
7-2. 整体设计整合，学生彼此讨论协调数字呈现方向
功课：为 BAC 数字平台输出准备，探索实际展览可能性

[第八周] - 2016.09.11
期末评，讨论个人与团队在概念、过程、模型的发展，以及案子记录

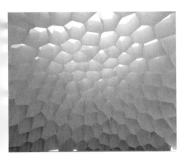

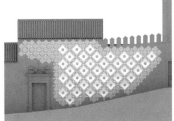

「期中讲评」

在这个讲评过程中,学生都会有 15 分钟的时间去讨论自己的作品思路。在经过讨论之后,老师会针对学生的方向整理出一些设计前例及艺术参考。在这个过程中,有学生以影子艺术为出发点(傅梦诗),有以动态艺术为出发点的(金凡),或以球形的亭子作为探讨的部分(李静姝),将婆罗洲刺青文化语汇作为空间思考的起头(赵皎月),更有纯粹用颜色与光的关系去探索空间(张艺)。

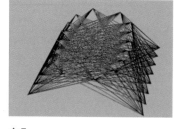

金凡

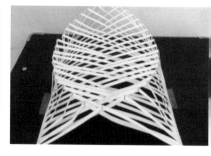

傅梦诗

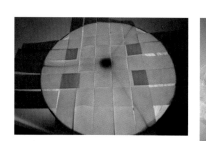

张哲

李静姝

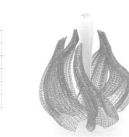

赵皎月

刘鑫

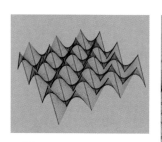

王梓如

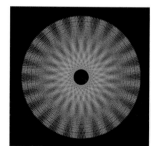

张艺

哪个学生的项目在第一阶段表现突出？

第一阶段个人设计的过程中李静姝的设计表现突出。李静姝透过她持续在设计探索上超越单纯形态上的讨论，并在设计上面结合其他的形式去讨论参观者在装置内往外的视角。作为她的指导老师，我能够从她的探索旅程中看到日渐精彩的丰富，她的个人设计在期中上的表现尤其说明了这一点。

哪一位学生的作品最有潜能？

我个人认为张艺的作品提供了完全不一样的设计视角，这个相信与他之前从电脑科学转建筑的背景有关系。在他的设计项目中，他用不同的颜色组合来讨论颜色对空间感知造成的影响，这个向度在建筑设计上面尤其很少被触及。张艺利用较亮的颜色可吸收更多光的简单原理，来决定颜色如何在其编织装置上面的配置逻辑。但是遗憾的是，这个设计的发展似乎仅停留在图面上。张艺的设计实践上，由于其之前的背景与初入建筑领域技术上不成熟，似乎很难珍惜一个作品被建筑实践出来的珍贵。在下一个阶段，他在这方面的态度将会对这个设计想法能够走多远起关键性的作用。

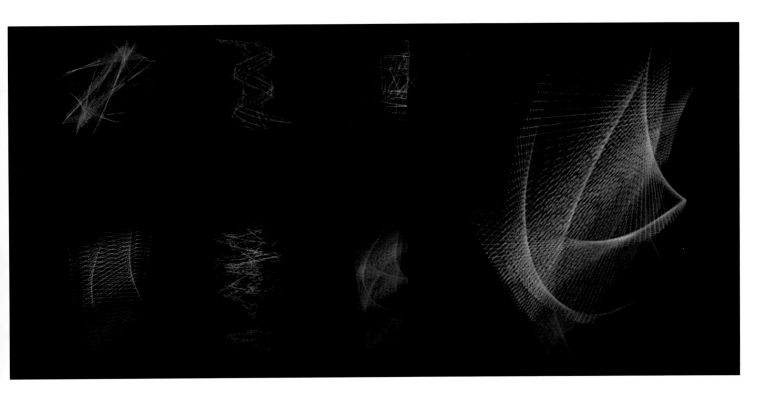

MINDMAP

在从个人设计转折到双人组队的部分，在这些设计上有没有方向上的建议？

在这个转折的时候，每个设计学生都要学会如何在设计上与另外一个人讨论合作。这也意味着原来的个人设计将会与另外一个设计想法结合产生一个新的设计身份。为了减少在设计想法结合上面的冲突，我在这个设计室开始就让他们选择自己的伙伴。在期中这个节点，他们虽然已经分别去发展自己的想法了，但是一开始组队的设定让他们相互联系还有提早沟通，来准备他们接下来的合作。有趣的是，这样的设置让学生们开始有设计上面交叉影响的现象。到了组队的部分，我让每一个组队都有一个主题可以发展下去，这样的安排也是期待他们可以从中学习如何整合队友的想法。在下一个阶段，刘鑫与赵皎月将会以"生命之树"这个主题做后续的发展。 刘鑫以"时间"为思考来探索他的设计，而赵皎月的灵感来自原生文化的极端艺术表现。我希望他们可以从"生命之树"这个主题提供关于时间、形式、自然，还有艺术的向度探索，希望这方面的探索可以拓宽他们的设计表现。对于吴俊杰和李静姝来说，我希望他们可以从 "万花筒的茧" 作为主题去构思。这个部分我会希望他们就这个主题去思考亭子尺度中设计的视觉品质。对于傅梦诗和金凡，我希望他们以"皮影戏"这个角度切入他们的设计主题。从这个主题，我期待他们在自己的设计中去建立不同的条件，让他们可以从自己个人在影子艺术与可扩展式装置去做结合。张艺与王梓如这个组，从一开始就表现出非常不同向度的探索。为了让这些设计思考能够紧密地链接在一起，我希望他们以 "具时间性的涂鸦"这个主题继续探索具有时间性的表现。这个主题的设立主要和他们个人探索中的颜色、光、风的时间性表现有关系。

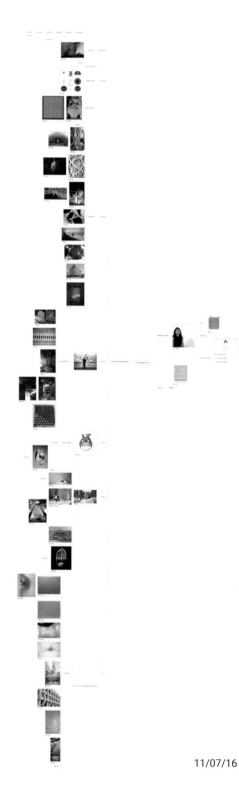

11/07/16

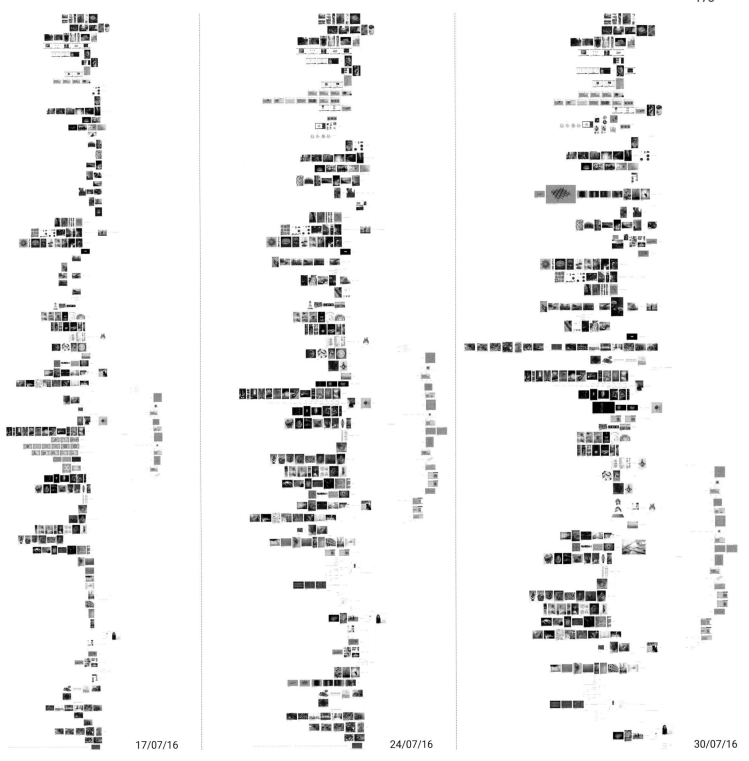

17/07/16 24/07/16 30/07/16

具时间性的涂鸦
Transient Graffiti

最佳设计奖

作者：王梓如　张艺

我们的"具时间性的涂鸦"是以婆罗洲的纺织工艺语汇为设计文本基础，呈现出一种具时间性的半物质存在，利用颜色、光和风，物化、编织出多变的空间涂鸦。它在物质与非物质、现实与幻觉的边界中建立了一种混淆与不一致性。装置以二维的地域性图腾到三维的衍生，再由三维单体变群，群衍生出新的单体，这样的循环相生系统为基础，材料上用薄膜和特殊的丝线编织图案，呈现一种半完成状态，并利用风来改变"三维涂鸦"的形态，同时用光线传播的路径进行编织并嵌于装置中，基于简单明亮的颜色可吸收更多光的简单原理，来决定颜色如何在其编织装置上面的配置逻辑。在参数化设计技术的植入与新材料的讨论之下，进而对婆罗洲艺术季指定空间尺度与街道装置尺度进行设计。

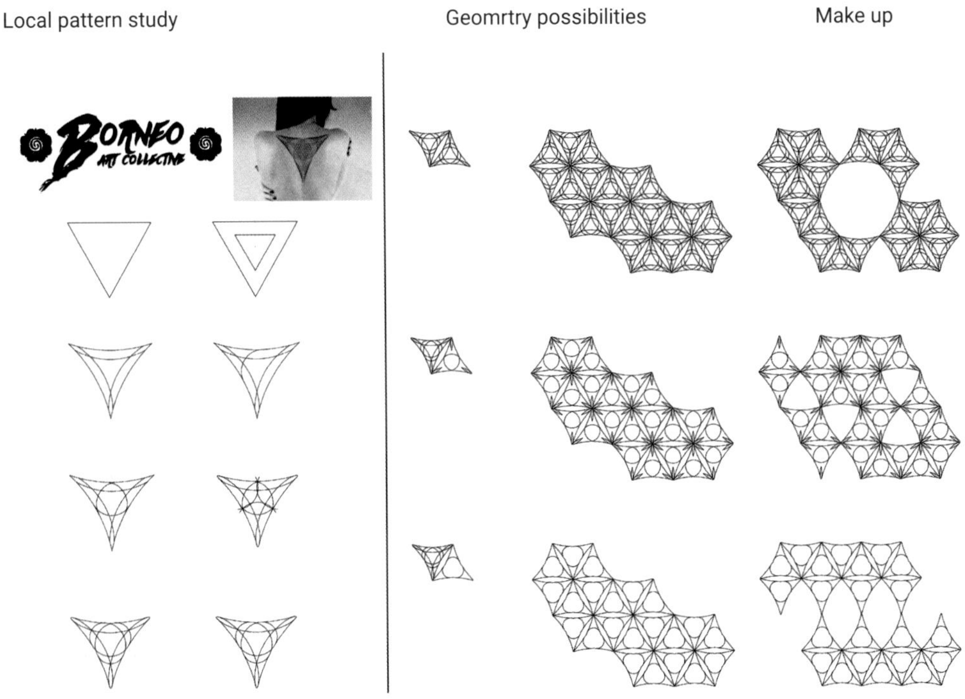
Local pattern study
Geomrtry possibilities
Make up
BORNEO
ART COLLECTIVE

选取当地的图腾，这个图腾虽有三个不同的走向却也是一个连环共生的图案，可以联想出三种不同的性格，也可以将它们联系起来。先对这个图腾进行了平面的美学研究和分解，这是个由简单到复杂的过程，当单体变成复杂单元，它开始变得更为复杂，反过来对复杂平面单体进行了两个方向的简化，它们来源于同一个图案却形成了不同的性格，组合后的图案进行了加减变化后变得更为丰富，无论是图案的图底关系还是图案的性格都十分多样。

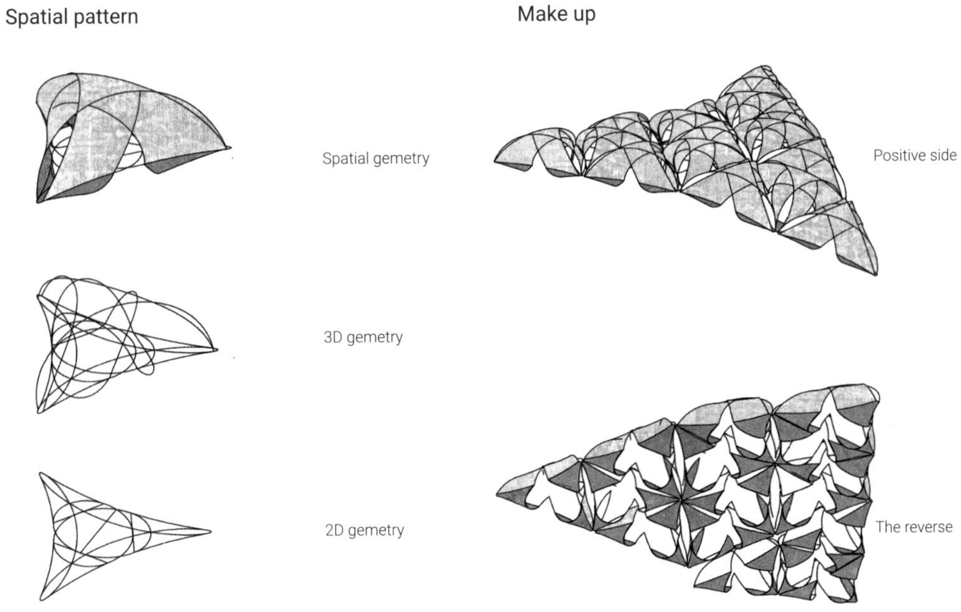
Spatial pattern
Make up
Spatial gemetry
3D gemetry
2D gemetry
Positive side
The reverse

开始将平面图形三维化，是一个有三个不同朝向的流动空间，底部自然形成的三个弧面具有空间延伸的潜能。

将三维单体成群，可以发现之前组合平面的两种不同图案性格变成成群后三维空间的正面和反面图案。

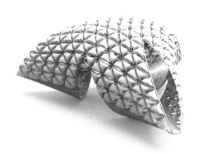

单体变群，群变单体，这样的循环相生系统成为了这一部分设计的最终理念。

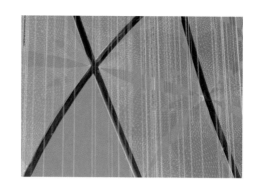

材料上用到特殊的丝线编织图案，呈现一种半完成状态，部分丝线垂吊下来，暗示自然中风的变化。

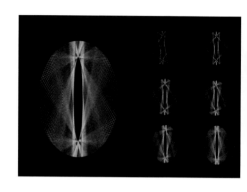

这个图案是显示出用光线追踪来光线编织的一种可能性；对于周期长一些的收敛轨道，图案密度会相对高一些；通过寻找这些轨道，我们就可以得到更多意想不到的效果。

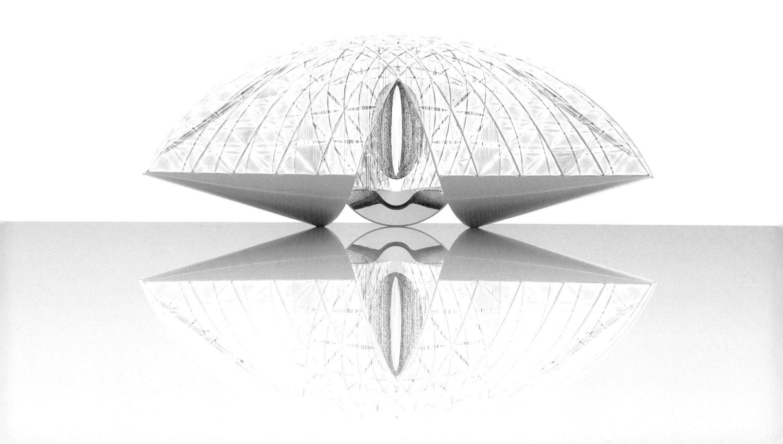

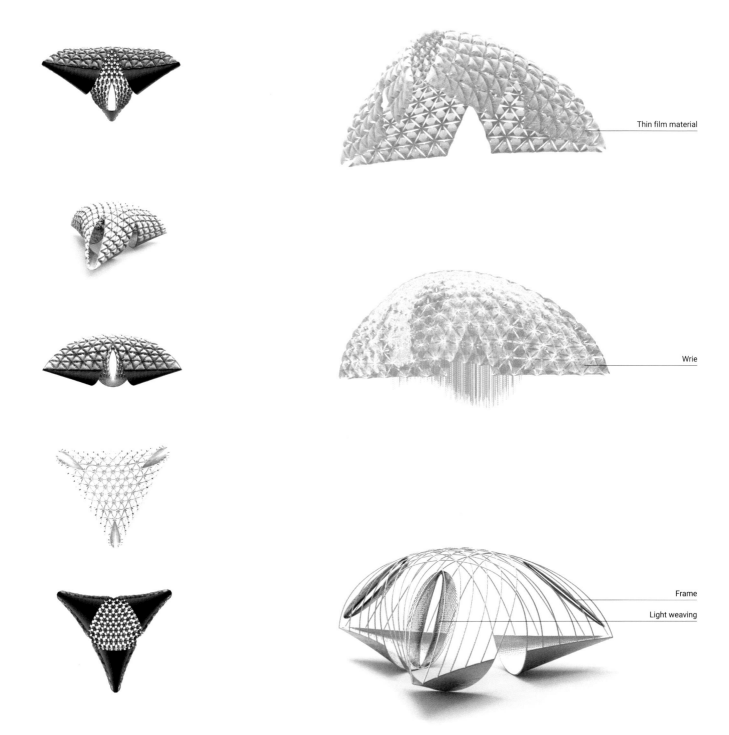

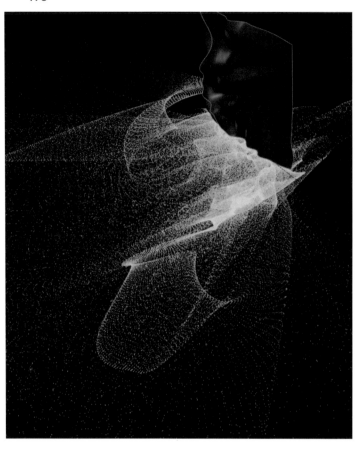

光线编织灵感来源

当我们走在阳光洒落的街道上，因为光线的关系，我们才能感受到世俗的存在。光无处不在，不管你所处的环境多么的昏暗。也正是因为这样的事实，光线不可否认地用明与暗、透明度以及色彩，塑造我们周遭的世界。那么它们有着何种行为模式，如何组织和演变？通过光的投射、反射、折射，我们就可以以某种方式，用光线传播的路径作为"光线造型"的一种隐喻。从这个出发点，我做了一系列关于光线反射、折射的研究，尽管光线可以包含更多的造型语言，我最终聚焦于反射的光线追踪中。

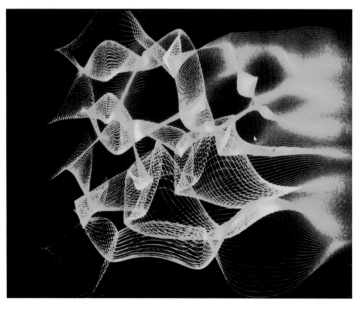

光线折射

用相同的方式，我得到了通过折射产生的焦散效应。

光线反射

我在 Maxwell 中设置了一个反射镜面，然后我便得到了右上的图案。之后，我便换用 grasshopper 来解密这一现象背后的逻辑。

在二维里的轨道研究

随着深入的思考,我猜想,光线的路径是否会固定在某一特定轨道上?也就是说周期性。

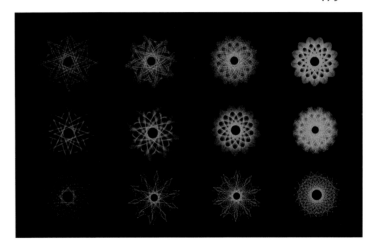

在三维里的轨道研究

当光线在椭圆的二维平面上达到一定的轨道时,我稍微改变了 z 方向上的初始射线,令人惊讶的是,它给出了不同的结果。

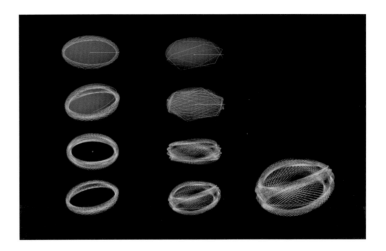

空间光线编织测试

仅仅是用 2D 的图形演变到 3D 空间;也就是用三维的光线折射路径作为空间编织的结果。

两种方式都明确了用光线追踪算法进行光线编织的可能性。

下一步的研究会关心如何精确地制造光线编织的结果。

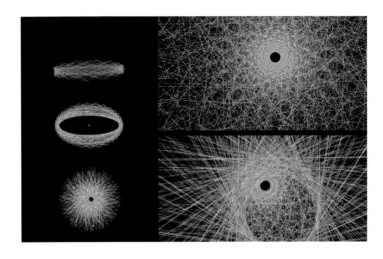

生命之树
Tree of Life

入围奖

作者：刘鑫　赵皎月

　　本次设计是一个位于婆罗洲的公共空间装置，结合采用了东南亚当地具有地域性的编织方法和材料以及动画的概念。试图探索在不同的维度和尺度编织的可能性，以及动画的概念延伸在实体装置领域的构建。本次设计也证明了地域性的传统手工艺与参数化设计结合的可能性。

　　首先我们给出了一个概念：动画。动画的概念主要来自动画软件的操作逻辑，即给定一些关键帧（keyframes）后，其余的帧可以自动生成，于是在时间轴上形成一个连贯的画面序列。在实体领域，我们认为关键帧可以代表场地中的各种因素，例如，高度、光照、气流、人的运动状态或者场地中其他的任何物体。当确定了这些关键帧之后，其余的过渡态会被自动生成，于是得到一个在空间维度上的连续体。如上所述，动画和实体具有的共同点是强调连续、序列、渐变；相似点是，动画的时间轴对应了实体的空间坐标。除此以外，每个镜头可以代表实体中的一段，而镜头与镜头之间的剪辑则可以对

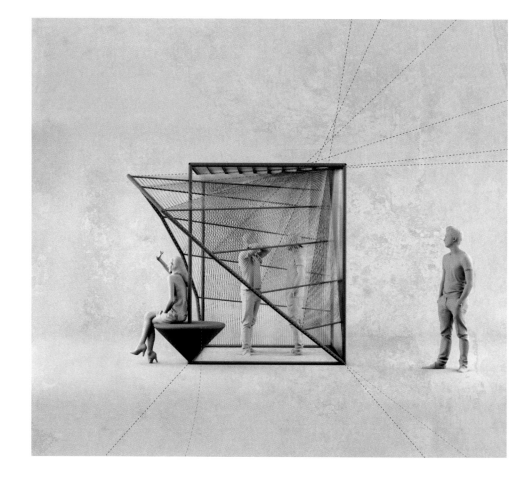

应不同连续体之间的组合、拼贴。本设计中，由于场地尺寸的限制（2m×2m×2.5m），因此只设计了一个镜头，其中包含两个关键帧。动画概念同时参考了位于洛杉矶的工作室 Oyler Wu Collaborative 的一些作品，和短片 FLUX、A New Way to Knit 以及一些多次曝光摄影作品。另一个概念是关于空间的，即生命之树。从当地的植物、图腾出发，我们认为，一棵树从根到主干，到枝干，再到每一片树叶，不正是代表了生命的过程吗？同时，树荫营造的空间，自人类诞生之初，似乎就是被用来当作一个绝佳的休憩场所。经过抽象化，我们提取了树的从点（根）到无限（枝干末端）的概念。在中期评图后，Wendy 老师建议我们将两组概念结合起来，于是有了下面的过程。

首先，在给定尺度内，从一个点深处仿佛树的枝干结构一般，形成了下方主要的活动空间。线的编织则是在负空间，不同颜色的线构成了上方的编织连续体。此时逻辑已经完善。通过改变控制曲线，可以根据不同的场地条件得出适宜的形态。

其次，从平面图可以看到，"序列帧"构成的编织连续体从正方体中冲出，不仅为下方的座位提供遮荫，同时使整个装置具有指向性。

最后，在材料和工艺方面，全部来自婆罗洲当地。主要的框架采用不同粗细的竹竿，连接的位置用绳子捆绑固定。编织使用的线则是彩色尼龙线。

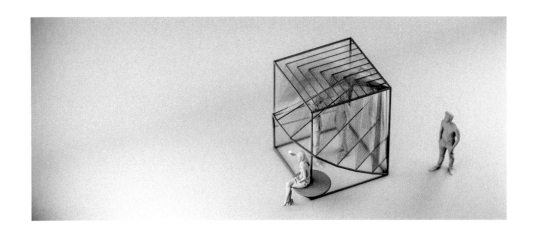

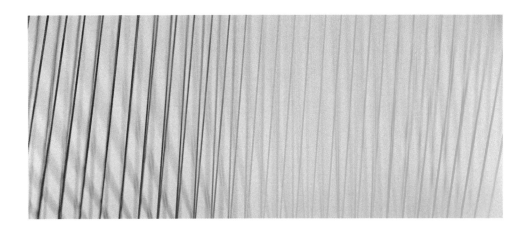

DESIGN PROCESS

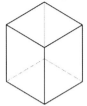
Dimension

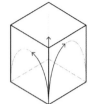
Curves extending from the point

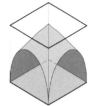
Space for human activities

Create frames

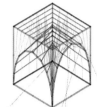
Weaving in the negative space

Single-Line Link Set · Multi-Line Link Set

Control curve

DRAWING

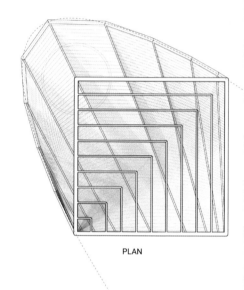
PLAN

DESIGN DEVELOPMENT

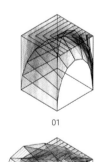
01

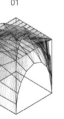
02

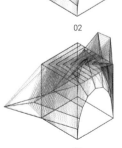
03

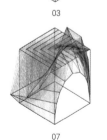
04

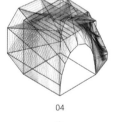
05 · 06 · 07 · 08

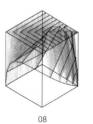

OPTIONS

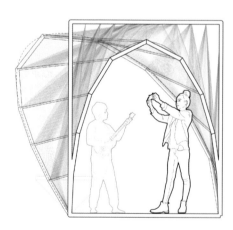
SOUTH ELEVATION

DRAWING

MATERIALITY

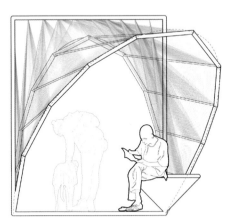

WEST ELEVATION

NORTH ELEVATION

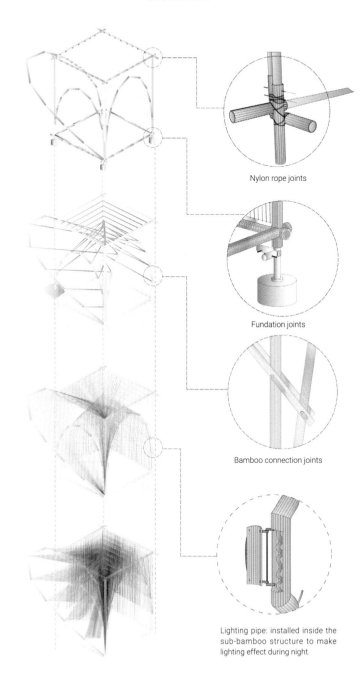

Nylon rope joints

Fundation joints

Bamboo connection joints

Lighting pipe: installed inside the sub-bamboo structure to make lighting effect during night.

万花筒的茧
Fractal Cocoon

入围奖

作者：李静姝　吴俊杰

我们的作品是以"Fractal Cocoon"为主题，利用多面体顶点相连会在内部形成另一个小多面体的生长特性，生长出一个分形的框架，并提取大自然中多肉植物自然形成的图案为母体，进行编制，形成的一个艺术装置。通过将图案母体在空间上扭转进行三维的编制，可以创造出一个基本图形单元叠加旋转生长的分形图案效果，以及丰富的光影。这个艺术装置在不同的尺度上能适应不同的活动，可以作为灯具、动物的玩具、人们窥视甚至攀爬的装置。设计中，我们充分考虑了材料与节点的设计，材料使用婆罗洲当地的竹子，设计了一系列廉价，容易生产的节点。并且设计出了一套搭建方法，减少以后在当地建造的难度，成为一个亲切的有地域感的艺术装置。

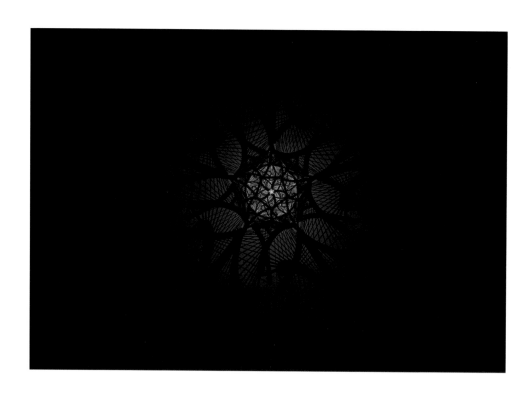

Development of the framework

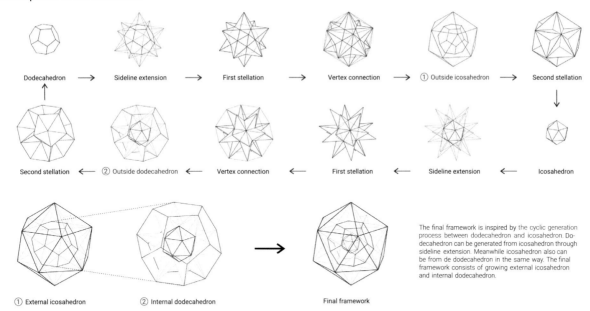

The final framework is inspired by the cyclic generation process between dodecahedron and icosahedron. Dodecahedron can be generated from icosahedron through sideline extension. Meanwhile icosahedron also can be from de dodecahedron in the same way. The final framework consists of growing external icosahedron and internal dodecahedron.

Conception of the pattern

 Succulent
 Vertex of leaves
 Connect vertexes
Arrange polygons by rotating

The integrated system

The intergrated system, which is the final system, consist of two groups of similar generation processes.
The external group is generated from icosahedron and torsional triangle, while the internal group comes from dodecahedron and pentagon.

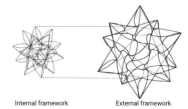
Internal framework   External framework

Development of the pattern

 Pentagonal pyramid framework
 Diminish pentagon
 Tridimensional change
 Twist
  Triangular pyramid framework
 Triangle pentagon
 Tridimensional change
Twist

Application of the pattern

 Framework
 Applicate pattern
 Internal pattern
 Final pattern
 Framework
 Applicate pattern
 External pattern

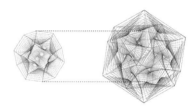
Internal weaving pattern   External weaving pattern

Different dimensions

Different dimensions of the integrated systems have different functions, structures and material from a droplight to a climbing facility.

Note: The following analyses is based on the third dimension, sculpture that canemitting at night.

Droplight

Toy hanging on the tree for monkeys

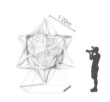
Sculpture that can emitting at night

Kaleidoscope that people enjoy inside

Climbing facility

Basic views

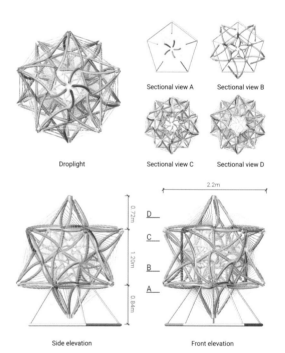

Droplight

Sectional view A   Sectional view B
Sectional view C   Sectional view D

Side elevation   Front elevation

Bending bamboo

| Saw the bamboo poles | Clean internodes | Heat | Wipe the pales | Fill sand in bamboo | Hold pales | Repeat previous steps |

Component preparation

| Put on pvc pipes | Heat pvc pipes | Flattern pvc pipes | Bend the pipes | Drill holes for joints | Weld structure node | Assembly |

Assembly

| Assemble frame work from inside | Weave pattern with rope | Assemble outside frame work | Weave the outside pattern |

Structure details

- Steel — Base joint
- Steel — External joint
- Steel, PVC pipe — Middle joint

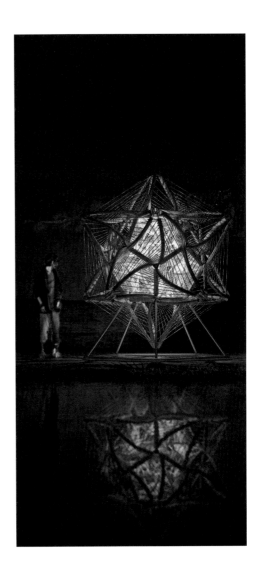

「设计室总结」

「Borneo Art Collective 与工作坊」

三个得奖作品

设计《具时间性的涂鸦》的两位同学有非常强的技术彩盘。他们两人各自都有很好的设计底子，可惜的是缺乏明显的设计碰撞。虽然如此，他们的设计在整合上面依然得到了比较完整的展现，而且在表现与说明上也有清晰和创新的思路。

设计《生命之树》的两位同学在彩虹上面的效果可以被解释得更清楚。目前来说，这个设计似乎被传统的结构概念框住了。但是，整体来说，他们的表现让观众可以很快了解他们想要达到的意图。这样的表现是非常可嘉的。

设计《万花筒的茧》的两位同学其实在表现与设计上都有着突出的整合。虽然设计想法与原来设定的婆罗洲文本有吻合，但是这个设计并没有太多的创新。尽管如此，这两者的搭配非常好，后来这个设计甚至被他们讨论到怎么施工这个设计装置，并打开了不同的讨论向度。

这个工作坊针对婆罗洲的编织有什么影响

虽然编织可以被看作传统建筑工艺中重要的技术之一，但是由于其高度的复杂性而较少被好好地探索。婆罗洲编织在市场上被人熟知的是其地区上的商业价值，这种情况也让这个工作坊好好思考如何超越现在的局面进入空间设计当中。

在设计过程分享方面，我们希望所有的作品都能够在网络上被分享。我希望学生可以透过 Mind42.com 这个平台记录他们的设计过程，我希望对内也对外进行的记录可以丰富他们的对话。在同侪之间的分享上，他们也可以透过同侪的设计更新得到刺激，我希望这样的设定可以让他们之间产生一个良性的竞争。在公开分享的层面，透过一个即时更新的平台让大众看到他们的进度。他们透过这样的方式也开始用不同的媒介来表达他们的设计说明。有趣的是，每当有人更新进度，其他人都会收到邮件通知。我到现在依然不能说这个是不是他们每回都在上课最后一刻才更新进度的原因。

我在这个设计室对他们有四个大方向的期待

I. 数位创造过程：在这个过程中，同学们会被安排在短时间之内学会 Rhino 和 Grasshopper 的技能，同时也在这个过程当中学习如何把数位模型变成实体模型。

II. 透过合作建构设计：我在工作坊一开始的时候要求学生去选择第二阶段的伙伴，并希望这样的安排能够让他们在合作开始前更好地认识各自的伙伴。

III. 公开对话式的设计发展：这个工作坊是以线上资源为基础的，我们在这个过程中要善用大家可能都还不熟悉的工具或平台，来让这个设计教程可以顺利发展。让人欣慰的是，这个过程中 MINDMAP 的发展非常活跃。去熟悉设计媒材对于这个时代的学生是很重要的，我希望这样的设定可以训练他们应对相应媒材的敏感度。

IV. 地方对话：这个设计发展过程之所以要透明，是因为在很大的程度上其对话对象是婆罗洲的工艺可能的新型态发展。我也希望透过这样一个设定的抛砖引玉，让更多人去思考一个地域上面的工艺可能性。

编织空间的入口意象

地球年代纪 / 郑时翔　林宇腾　邓若凝
The Terra Chronicles
自动化永久培养操作手册 / 王子寒
Automated Permaculture
梯田山顶 / 岳子泓
Mountain Top
理想世界 / 马欣然
Wonderland

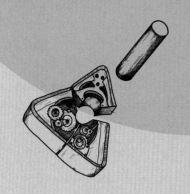

最后一把锁是一个不常见的三角形锁，是用透明的玻璃做成的，表面泛着 LED 灯的黄色反光。插入圆柱形钥匙的时候，所有的机械转动都一目了然，悦耳的两声"咔咔"，感觉治好了耳朵的"色盲"。抽屉里露出内部的藏物：一个指纹采集器、一根针、一根数据线、一本《圣经》的中文译本。

老张最后自学了 beatbox，走到哪里都要练，烦人得很。他倒是很自在，不分场合，即使在功夫练成之前，隔壁厕所多次发来贺电，亲切地送来卷纸这种情况下。细说来的话，也算是老张与特殊公共空间结下友谊的萌芽。发声中的老张自然会形成移动的老张大舞台，城市里总有一块地方是属于他的，有一块跟着他走的移动国境线。嘴上的功夫总是扑哧扑哧的，这么自由自由不是事儿。我说过他好几回了，他把炒饼往桌子上一搿，不高兴地说："咱这是帮城市呼吸昼夜操劳，你咋这么多事儿啊，吃你的打卤面少说话。"

往好了说，他走到哪里都可以把城市染上自己的颜色，也算一种幸福的传染病吧，在公共场所的身体里蔓延。即使是对最多声音有忌讳的地方，他也想对之塑形。"跟我家汪一样，这个城市每个墙角树下都要用恼人的东西标记了，才算偷过。"他幻想。

地球年代纪——生命档案馆
The Terra Chronicles—An Archive of Life

作者：郑时翔　林宇腾　邓若凝
时间：2016年 夏
地点：地球

2016年暑假，我Upenn的朋友兼队友Rose（邓若凝）找我聊天，照例吐槽了建筑行业。聊完她总结道："建筑设计真是一种奇怪的东西，它起始于种种方面的要求，又被这些要求削弱，我感觉起点又是终点。"我一下子就明白了她的意思，这完全是经过实习历练的人，在感受到行业的现实后发出的无奈感慨。的确，年轻的设计师，有的是充满活力的设计思想，但往往受到现实的打击。于是我提议："我们做个竞赛吧！"最近，我刚看到一个法国Jacques Rogerie Foundation举办的国际建筑竞赛项目，题目是《太空建筑》(Architecture for Space)，一个开脑洞的纯概念设计。Rose立马答应，还补充说："我还有一个队友人选，Elvis（林宇腾），我本科的同学。"接着Rose分享了Elvis的作品集给我看，我瞬间就被他简约但清晰有力的设计风格吸引。就这样，分隔于中国、加拿大、美国三国的三人竞赛小队组成了。联络方式是Skype，文件通过Dropbox传送。

方案初始，我们就陷入迷惑：这是一个纯概念化的设计，我们要创作一个太空作为主要场地的建筑，这必然涉及以"未来"为语境的建筑形式语言；但举办方同时却希望参赛者思考当下现实的人类发展核心问题，比如，环境恶化、资源缺乏、新能源利用等。然而我们也都深感这个看似矛盾的设计背景将会成为破题的关键切入点。

讨论多日后，我们将设计主要针对的问题定为"物种灭绝"：日益严重的生态问题背景下，多少物种的数目会持续锐减直至完全灭绝呢？为了设计一座面对这个问题的建筑，我们需要思考建筑形式之于生物的意义；"构筑物"这个（相对）小的体量概念与"生态环境"这个大概念的矛盾，及"太空环境"和"地球生物"之间必然存在的不统一性等一系列问题。

接着便是设计最痛苦的部分：夜以继日的概念和原型（Prototype）的探索。这些日子里我们思考了很多，想到了克隆羊，想到了博物馆里的动植物标本，想到了库哈斯的巨型建筑，连做梦都是《银翼杀手》里冰冷的未来都市……我们的设计渐渐清晰起来：我们要做一个巨大的生物博物馆。这将是一座有时间维度的、不断发展的博物馆，它会将物种的DNA信息收集起来，"监视"着每个物种的繁荣、衰落、灭绝。同时我们预设未来世界，人类已经拥有了由DNA克隆生物的技术，这就意味着这座博物馆里的所有生物可以被还原出来！这是一座博物馆，同时也是一个时间轴，更是一个物种日趋减少的警钟和纪念碑！

概念敲定后的深入设计阶段同样辛苦但却顺利，我们如期完成了设计。在获得第一名的消息传来的时候我们都在熟睡，睁眼看到手机里的邮件时，睡眼惺忪的我瞬间清醒，同时得知消息的队友们也开始兴奋地在微信群里欢呼。

经历这次设计我们成长了很多，完全没有骄傲和自满，反而看清了更多问题。我想也许建筑本身并不应该被视为或推崇为旷世杰作，而更多的是以不同工具的身份在不断重新创造并发掘看待世界的方式。继续辛苦却又开心地做设计吧，毕竟起点又是终点，但你必须行走一圈才能到达。

193

设计鸟瞰图

地理分布图

ESTUARIES　CORAL REEF　MARINE　WETLANDS　FRESHWATER　DESERT　ALPINE

物种时间轴

多年以后的未来，随着人口暴增和过度开发，地球的全部生态系统被人类活动场所占据。于是，人们在地球各处建造了生命档案馆，从地表直通宇宙。

生命档案馆的主体是储存所有地球生物的 DNA 及数据样本的纤维状单元。每个单元随年份增长不断叠加该生物的综合信息，实时记录着每个物种的基因变化，直到该物种从地球上完全灭绝而停止生长。纤维单元之间的物理关系自然暗指着物种原生境的交错或分离，多个单元形成的"结"则是这些生物所形成生态环境的微观再现。

在每个"结"内，从与其相联的纤维单元内部提取各物种的基因信息，从而克隆出完整真实的自然环境。人们可以进入"结"内部参观游览，感受过去的人类时时享受着的日常生活。

从结构上看，生命档案馆分为三个部分：外部骨架，提供结构支撑和交通运输作用；纤维状单元，储存生物和年代信息；由柔性膜状结构包裹的"结"，在其内部形成生态系统。

从宏观上看，每个生命档案馆呈塔状结构，是一个延伸至宇宙的纵向时间轴，喻指地球物种的生存和死亡。

生命档案馆是人类未找到解决生态和城市发展矛盾而提出的妥协性决策，也是未来人类缅怀"古人"丰富地球环境的纪念性建筑。

EQUUS FERUS PRZEWALSKII
MELURSUS URSINUS PANTHERA ONCA
ORYX GAZELLA
CORVUS ALBICOLLIS
CYNOMYS GUNNISONI
CORVUS ALBICOLLIS
PHACOCHOERUS AETHIOPICUS
MUSTELA FRENATA
VOMBATUS URSINUS
BOS GRUNNIENS
MACROPUS AGILIS
VICUGNA VICUGNA
STRIGIDAE UROGLAUX
COCCINELLIDAE LATREILLE
HYRACOIDEA PACHYHYRAX
LAMA GUANICOE
THAMNOPHIS RADIX LYCALOPEX
CULPAEUS TACHYGLOSSIDAE
ACULEATUS ACANTHOPHIS
PYRRHUS LOPHOCHROA
LEADBEATERI ACACIA
DREPARALOBIUM COMBRETUM
ERYTHROPHYLLUM
SCHINZIOPHYTON RAUTANENII
ANIGOZANTHOS MANGLESSI
EUCALYPTUS MARGINATA
DIOSPYROS MESPILIFORMIS
EUCALYPTUS CINEREA
PENNISTUM PURPUREUM
EUPHORBIA INGENS
CYNODON DACTYLON
ADANSONIA DIGITATA
CROCODYLUS NILOTICUS
CREMATOGASTER NIGRICEPS
PANTEHERA LEO
PHASCOLARCTOS CINEREUS
EQUUS BURCHELLI BOHMI
DROMAINS NOVAEHOLLANDIAE
HERPESTES ICHNEUMON PAPIO URSINUS
FELIS CARACAL
DENDROASPIS POLYLEPIS
LOXODONTA AFRICANA SETARIA
MACROSTACHYA ERAGROSTIS
INTERMEDIA MICROTUS
LONGICAUDUS CYNOMYS
GUNNISONI
GUIRAEA CAERULEA
TAXIDEA TAXUS
THOMOMYS
PROCYON LOTOR
SYLVILAGUS
CANIS LATRANS
HIPPOTRAGUS NIGER

SAVANNA   2016   2095   2172

DESERT   2063   CONVERG

PROTELES CRISTATA
EQUUS AFRICANUS
DIPSOSAURUS DORSALIS
GOPHERUS AGASSIZI
PEROMYSCUS EREMICUS
GEOCOCCYX CALIFORNIANUS
CAMPYLORHYNCHUS BRUNNEICAPILLUS
LOPHORTYX GAMBELII
ZINNIA ACEROSA
YUCCA SCHIDIGERA
LYCIUM
PRUNUS FASGICULATA
CASTILLEJA CHROMOSA
CARNEGIEA GIGANTEA
COMANDRA UMBELLATA
CREOSOTE LARREA TRIDENTATA
ECHINOCEREUS TRIGLOCHIDIATUS
ATRIPLEX HYMENELYTRA
PHACELIA CAMPANULARIA
LATRODECTUS HESPERUS
SURICATA SURICATTA
CENTRUROIDES EXILICAUDA
STRUTHIO CAMELUS
PHRYNOSOMA CORNUTUM
POGONA BARBATA
SIGMODON INOPINATUS
COLEONYX VARIEGATUS
ANTIOPHORA DIPTERA
CURSORIUS CURSOR
DASYUROIDES BYRNEI
EQUUS AFRICANUS
FALCO CUVIERII
CAELIFERA PYRGOMORPHIDAE
ANTILOCAPRA AMERICANA LEOPARDUS
GEOFFROYI
ACOMYS AIRENSIS
FALCO ARDOSIACEUS
ACANTHOPELMA BECCARII
CENTROCHELYS SULCATA
XERUS ERYTHROPUS
CLONOPSIS GALLICA
BUFO CALAMITA
ANTECHINOMYS LANIGER
CROTALUS ATROX
CERATOTHERIUM SIMUM
EQUUS GREVYI
NASUA NARICA
PECCARY ANGULATUS
UROCYON CINEREOARGENTEUS
BASSARISCUS ASTUTUS
CHOERONYCTERIS MEXICANA
ANTROZOUS PALLIDUS
MEPHITIS MEPHITIS
HIPPOPOTAMUS AMPHIBIUS
CAMELUS DORMEDARIUS

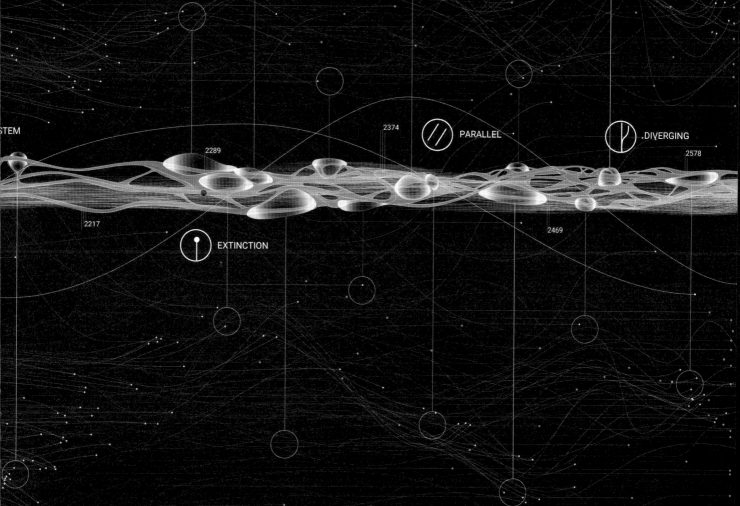

结构剖面与细部

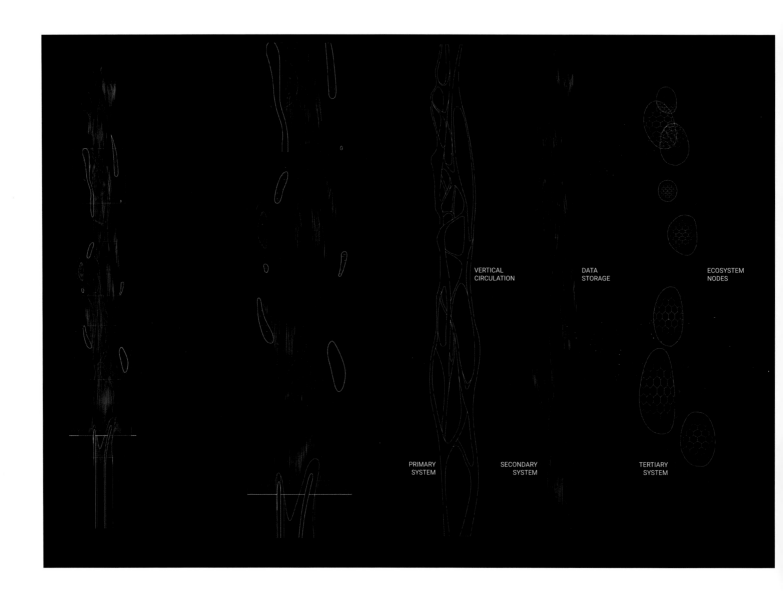

首层仰视图

内部效果图

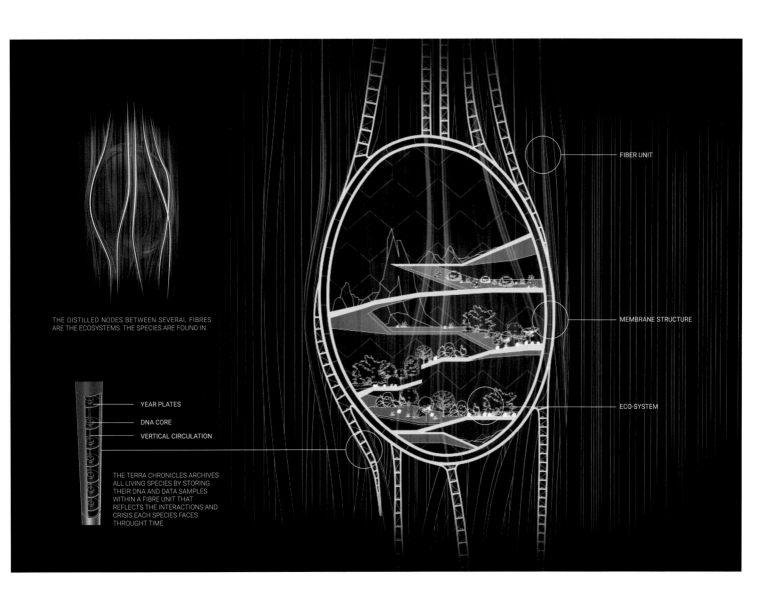

细部剖面图

"结"内生态环境：草原

"结"内生态环境：冰川

"结"内生态环境：沙漠

"结"内生态环境：热带雨林

自动化永久培养操作手册
Automated Permaculture

作者：王子寒
时间：2013 年 夏
地点：纽约

关于自动化永久培养操作手册（Automated Permaculture）的设计过程，就是我在大纽约最后的一段癫狂生活。

2013 年 7 月，那个夏天的纽约在我的印象里，就是凌晨 3 点地铁里的凉爽和那种特有的"狂野"气味儿。

我刚刚在康奈尔的夏季学期中，足足地被虐了两次，这两次设计经验告诉我，原来"那一套"三板斧的设计思维完全不适用了。

那个被设计室玩儿命吹的空调和在 Battery Park 晒太阳的人们搞得晕头转向的日子里，我一个人在树荫下迅速回着血，准备好了迎接那最后一个关于 Ecology 的设计。

我的导师 Mitch 是个神神道道的哥们儿。刚开始需要大家设计一个动物和植物结合的生命体。我仗着手绘还不错，搞了一个诡异的东西。Mitch 甩着他的齐腰大脏辫儿说，画得挺好，但是好像思维上需要解放解放。我心里决定给这个哥们儿好好看看啥样叫解放。

40℃高温的那个下午，我看见了一些新鲜的城市景观。

Brooklyn-Queens Expressway, BQE。设计的任务是在这里做一个 mega structure。重塑一些说不清道不明的东西。这话当时对于天大传统设计教育培育出来的我完全驴唇不对马嘴，昏昏然不知所云。在前两个设计对自己设计观的冲击之中，和同行巴基斯坦来的老铁一拍即合，于是把这个设计室变成画画玩儿的一个机会了。

在那个没怎么睡觉的一周半里，我们也没做什么设计。

老铁不睡觉，甚至不出去约会，我哪儿好意思一人独活。天天在设计教室没日没夜地干。渐渐地一个末日背景的大片儿出现了，其实就是片头的那大约三分钟出现了。和建筑学相关的就只有这三分钟。有意思的是，不是出现在脑子里，而是先出现在 PS 里。基本上这个设定就是末日来临了，什么植物都灭绝了，只有人在地上养"蘑菇"来维持生命的存在。做了一个大鸟瞰，一个大剖透视，我俩一个一个地抠这个城市尺度的培养皿是怎么组成的。尺度由大到小，功能由简到繁，没日没夜地画了一周画，最终完成了一个东西。

在当时刚到美国的我看来，那就算突破了自己最大的禁区。因为之前五年接受的教育中，那个所谓的"范式"，所谓的思维方法，完全都抛到九霄云外了。对于设计这个事情，认知度最低最没有安全感，但又是最兴奋的时候。

现在看来，那是四年前的事儿了。我写这些文字的时候，切实地感觉到那个画画的人和我早就不是同一个人了。被要求写这么一个说明，不太知道关于这个设计自己能写出来什么，但是想起那一阵的时间，觉得其实没能在每个学生时代的设计里都抱着那种"爱谁谁，老子拼了"的心态去突破自己，挺遗憾的。

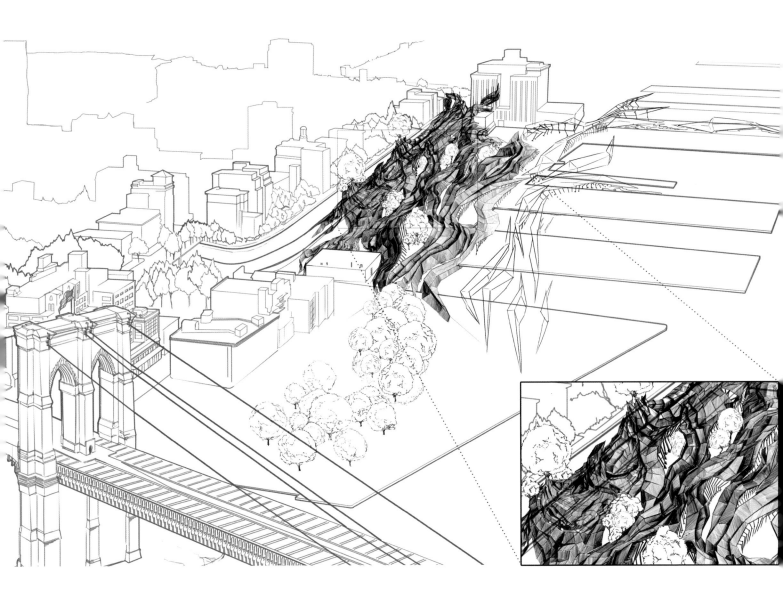

前言
机械 —— 终极自然现象

亲爱的各国居民们：

无知只是被遗忘历史的借口。

地球的表面曾经被植物覆盖，水中可以游戏；熊在林中漫步、狮子在草原称王、羚羊飞跳、变色龙会根据环境而改变颜色，一切神奇的生物居住于此。

人类脱颖而出。学会使用工具。猎、杀，掌握万物；文明建立之时，崇拜太阳、大地、月亮以及一切伟大莫名的自然力量，但最终崇拜自己的贪婪。物质，拥有，从属这些关系出现了，分裂了自然。

现在那些都没有了。而你需要这本书。

这本手册包含了正在逐步发展的机械单元目录，每一个都在为其中生活的菌丝维持一个脆弱平衡。这些微生物把物质分解为后续可回收投入生产的降解物，也因此万分重要。生产新的自然界全在于此。

每个操作员都需要佩戴必要的身份和资质证明。相关操作流程必须遵守。国家法律必须得以遵守。地区规定必须得以遵守。分区导则必须得以遵守。

如果不能满足，管理层保留将操作员从生产线撤离的权利。

上帝保佑！

妨碍执法是 A 级重罪

因为上一个文明的系统性崩溃，我们建立了这个永久培养的自动化机制。布鲁克林海湾是第一批试点。

解除 R.Moses 的遗毒中，这个系统正在尝试消除人造和自然的界限，历史和新建的界限，尺度上的界限。

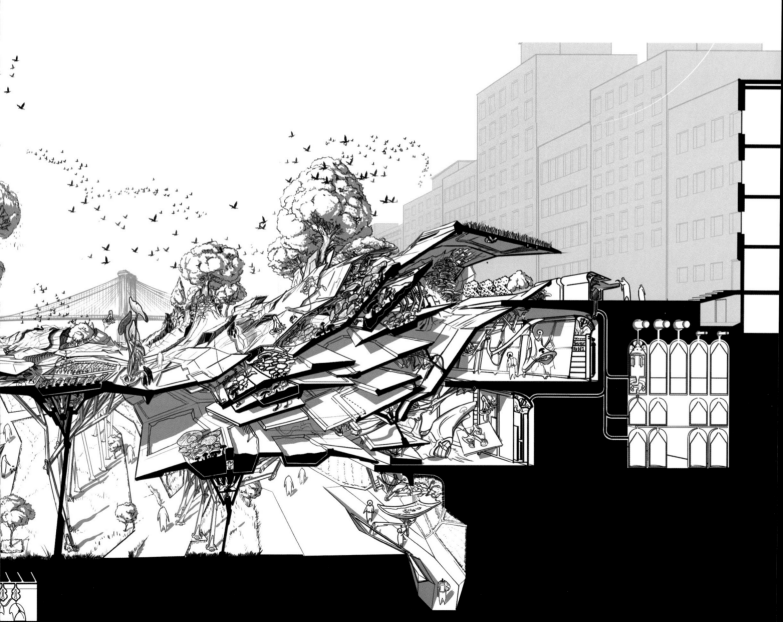

一切机械相关的核心能源、移动性能、主体震动、温度、湿度、平台和单元稳定性都必须进行监控。数据报告在监控器和总控台都可以查询。

特定情况发生时,请遵守出厂时配发的说明。

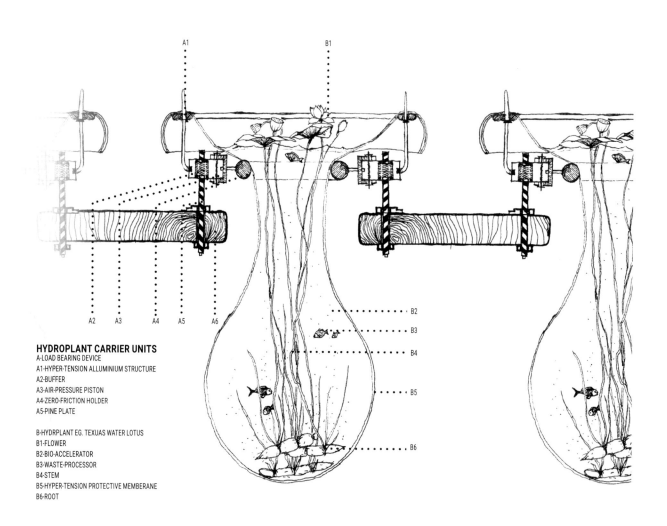

HYDROPLANT CARRIER UNITS
A-LOAD BEARING DEVICE
A1-HYPER-TENSION ALLUMINIUM STRUCTURE
A2-BUFFER
A3-AIR-PRESSURE PISTON
A4-ZERO-FRICTION HOLDER
A5-PINE PLATE

B-HYDRPLANT EG. TEXUAS WATER LOTUS
B1-FLOWER
B2-BIO-ACCELERATOR
B3-WASTE-PROCESSOR
B4-STEM
B5-HYPER-TENSION PROTECTIVE MEMBERANE
B6-ROOT

水生植物载体

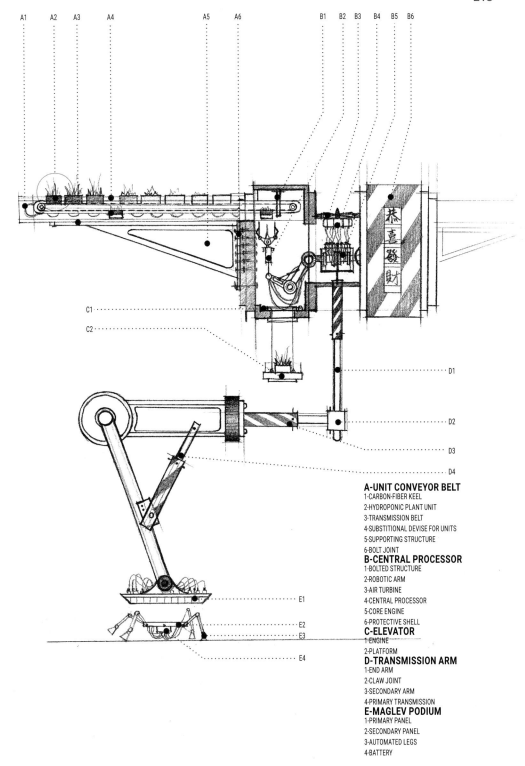

HYDROPONIC PLANT CARRIER

CMX-'Alexander the Great'-3000

Design: Zihan Wang

Full-entended Height: 9m

Min. Height: 2.5m

Width: 3m per

Maximum Load: 128 standard units,
64 standard units per platform

Power: Bio-recycle PX-5

Mobility: Y/ Vmax=100m/min

Machinery must be tended full-time for vital parameters of power supply, mobility (if any), viberation, temperature, humidity, platform and unit stability (during unit renewal and transformation of locale) and others if applicable. Statistic report are avalible both on monitor screens and paper based reports in the headquaters.

A-UNIT CONVEYOR BELT
1-CARBON-FIBER KEEL
2-HYDROPONIC PLANT UNIT
3-TRANSMISSION BELT
4-SUBSTITIONAL DEVISE FOR UNITS
5-SUPPORTING STRUCTURE
6-BOLT JOINT

B-CENTRAL PROCESSOR
1-BOLTED STRUCTURE
2-ROBOTIC ARM
3-AIR TURBINE
4-CENTRAL PROCESSOR
5-CORE ENGINE
6-PROTECTIVE SHELL

C-ELEVATOR
1-ENGINE
2-PLATFORM

D-TRANSMISSION ARM
1-END ARM
2-CLAW JOINT
3-SECONDARY ARM
4-PRIMARY TRANSMISSION

E-MAGLEV PODIUM
1-PRIMARY PANEL
2-SECONDARY PANEL
3-AUTOMATED LEGS
4-BATTERY

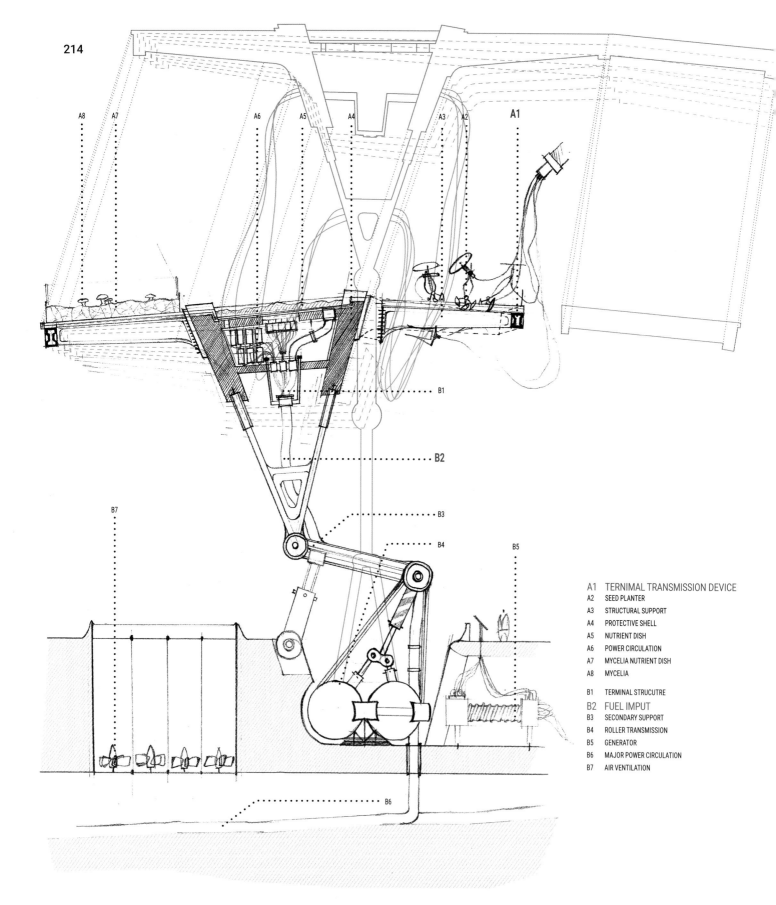

菌类载体

A1

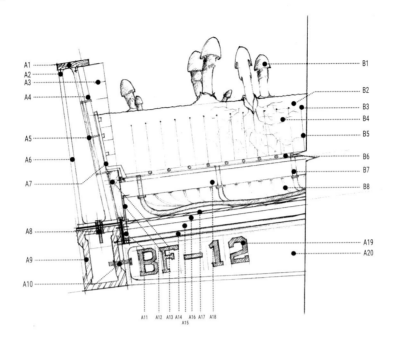

A-STRUCTURE
1-HANDLE
2-BOLT JOINT
3-DEPTH ALARM
4-CARBON-FIBER BOARD
5-STABLIZING DEVISE
6-STEEL KEEL
7-OUTPUT COLLECTING NET
8-BOLT
9-STEEL STRUCTURE
10-BOLT
11-BUFFERING CREVISE
12-STEEL CONSTRUCTION ELEMENT
13-LEVEL ELEMENT
14-CARBON-FIBER BOARD
15-CAVITY
16-CARBON-FIBER BOARD
17-WATERPROOF COATING
18-HEAT PRESERVATION LAYER
19-UNIT CODE PAINT
20-STRUCTURE

B-MEDIUM COMPARTMENT
1-MUSHROOM
2-MEDIUM
3-ENERGY SENSOR
4-MYCELIA
5-ENERGY COLLECTING NEEDLE
6-WASTE COLLECTING GRID
7-WASTE COLLECTING TUBE
8-ENERGY WIRE

MUSHROOM CARRIER

CMX-'CESAR'-568

Design: Zihan Wang

Full-entended Height: 9m

Min. Height: 2.5m

Width: 15m per platform

Maximum Load: 1 standard units

Power: Bio-recycle P-98

Mobility: N/A

Machinery must be tended full-time for vital parameters of power supply, mobility (if any), viberation, temperature, humidity, platform and unit stability (during unit renewal and transformation of locale) and others if applicable. Statistic report are avalible both on monitor screens and paper based reports in the headquaters.
Under certain circumstances, please follow instructions given with each machine when manufactured.

B2

1. ROBOTIC 'HAND'

2. IMPUT

3. FAIL-SAFE SWITCH

NUTRIENT IMPUT DEVISE

216

中央发电机

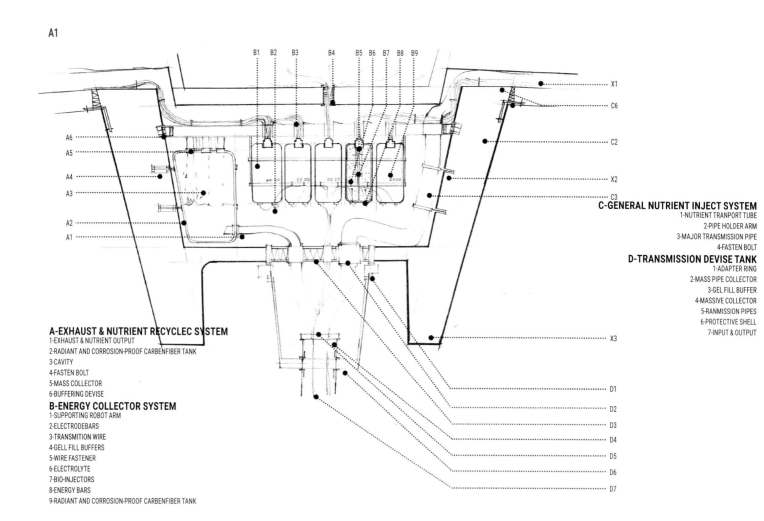

A-EXHAUST & NUTRIENT RECYCLEC SYSTEM
1-EXHAUST & NUTRIENT OUTPUT
2-RADIANT AND CORROSION-PROOF CARBENFIBER TANK
3-CAVITY
4-FASTEN BOLT
5-MASS COLLECTOR
6-BUFFERING DEVISE

B-ENERGY COLLECTOR SYSTEM
1-SUPPORTING ROBOT ARM
2-ELECTRODEBARS
3-TRANSMITION WIRE
4-GELL FILL BUFFERS
5-WIRE FASTENER
6-ELECTROLYTE
7-BIO-INJECTORS
8-ENERGY BARS
9-RADIANT AND CORROSION-PROOF CARBENFIBER TANK

C-GENERAL NUTRIENT INJECT SYSTEM
1-NUTRIENT TRANPORT TUBE
2-PIPE HOLDER ARM
3-MAJOR TRANSMISSION PIPE
4-FASTEN BOLT

D-TRANSMISSION DEVISE TANK
1-ADAPTER RING
2-MASS PIPE COLLECTOR
3-GEL FILL BUFFER
4-MASSIVE COLLECTOR
5-RANMISSION PIPES
6-PROTECTIVE SHELL
7-INPUT & OUTPUT

旱生植物载体

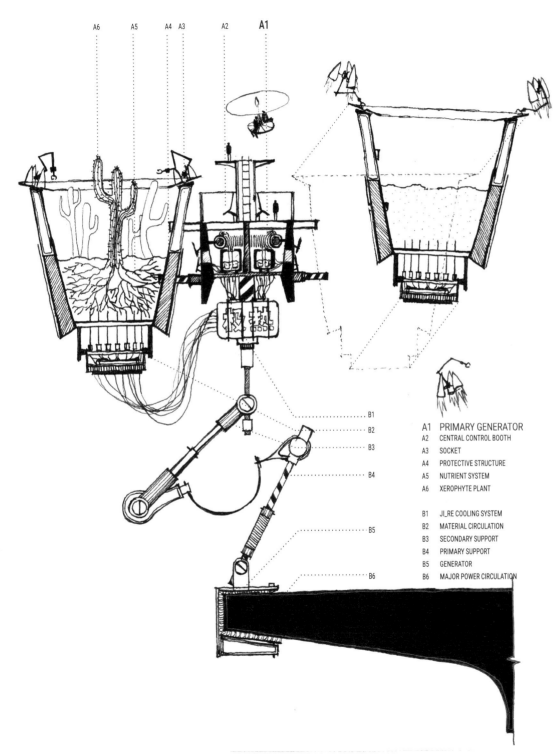

XEROPHYTE PLANT CARRIER

CMX-'XERXES I'-562

Design: Zihan Wang

Full-entended Height: 9m

Min. Height: 2.5m

Width: 15m per

Maximum Load: 12 standard units

Power: Bio-recycle PX-3

Mobility: N/A

Machinery must be tended full-time for vital parameters of power supply, mobility (if any), viberation, temperature, humidity, platform and unit stability (during unit renewal and transformation of locale) and others if applicable. Statistic report are avalible both on monitor screens and paper based reports in the headquaters.

Under certain circumstances, please follow instructions given with each machine when manufactured.

A1	PRIMARY GENERATOR
A2	CENTRAL CONTROL BOOTH
A3	SOCKET
A4	PROTECTIVE STRUCTURE
A5	NUTRIENT SYSTEM
A6	XEROPHYTE PLANT
B1	JI_RE COOLING SYSTEM
B2	MATERIAL CIRCULATION
B3	SECONDARY SUPPORT
B4	PRIMARY SUPPORT
B5	GENERATOR
B6	MAJOR POWER CIRCULATION

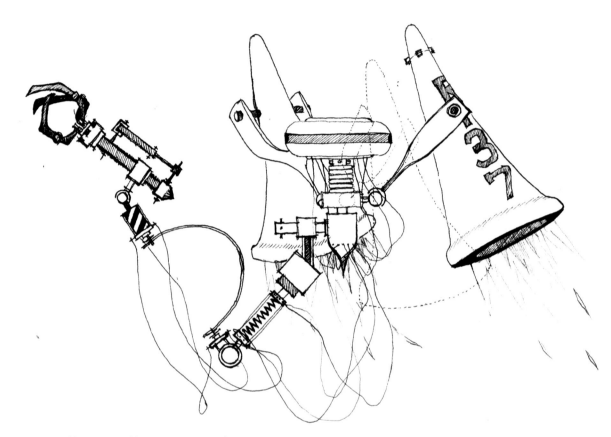

THE "BAT"

紧急联络人：老乔治

老乔治可以由最近的警报器联络。操作人员在遇到本书设计知识不能解决的情况时，有权利联系老乔治来支援。

不要自行解决！

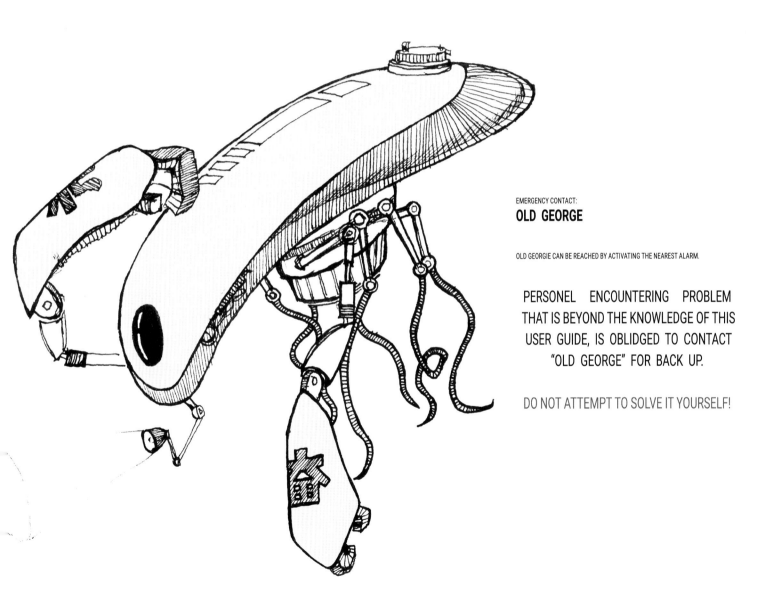

EMERGENCY CONTACT:
OLD GEORGE

OLD GEORGIE CAN BE REACHED BY ACTIVATING THE NEAREST ALARM.

PERSONEL ENCOUNTERING PROBLEM THAT IS BEYOND THE KNOWLEDGE OF THIS USER GUIDE, IS OBLIDGED TO CONTACT "OLD GEORGE" FOR BACK UP.

DO NOT ATTEMPT TO SOLVE IT YOURSELF!

FUNDAMENTAL UNIT for CARBON-COMPOUND AGGREGATION PRODUCTION

SIZE: 10-5~10-6 IN.

THE FUNDAMENTAL UNIT FOR CARBON-COMPOUND AGGREGATION PRODUCTION, OR FUCAP, IS WHY THE REASON WHY CIVILIZATION STILL EXIST AS WE KNOW IT. IT IS A 24-7 FULLY FUNCTIONAL BIO-TECH PRODUCTION UNIT THAT COMBINES HYGROGEN AND NITRON ATTOMS AND FORM RANDOM COMBINATION THAT CONTAINS CARBON ELEMENT, WHICH IS THE FOUNDATION OF ALL ORGANIC MATTER THAT SUPPORT LIFE, BY NUCLEAR FUSHION AND FISSION SIMUTANEOUSLY.

THROUGH THE PROCESS, NUCLEAR REACTION TRIGGERED BY SPECIFIC ENZYME CONTAINED IN THE REACTION ROOM BALANCE THE ENERGY INTAKE AND OUTPUT. THIS UNIT IS PRACTICALLY THE FIRST ETERNAL MOTION MACHINISM DISCOVERED BY HUMAN KIND.

ANY UNDER PAY GRADE PERSONEL THAT ARE FOUND SEARCHING FOR TOP SECRET UNITS WILL BE ELIMINATED ON SIGHT AS NATIONAL ENEMY.

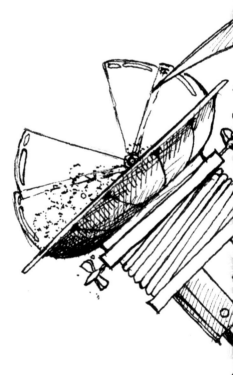

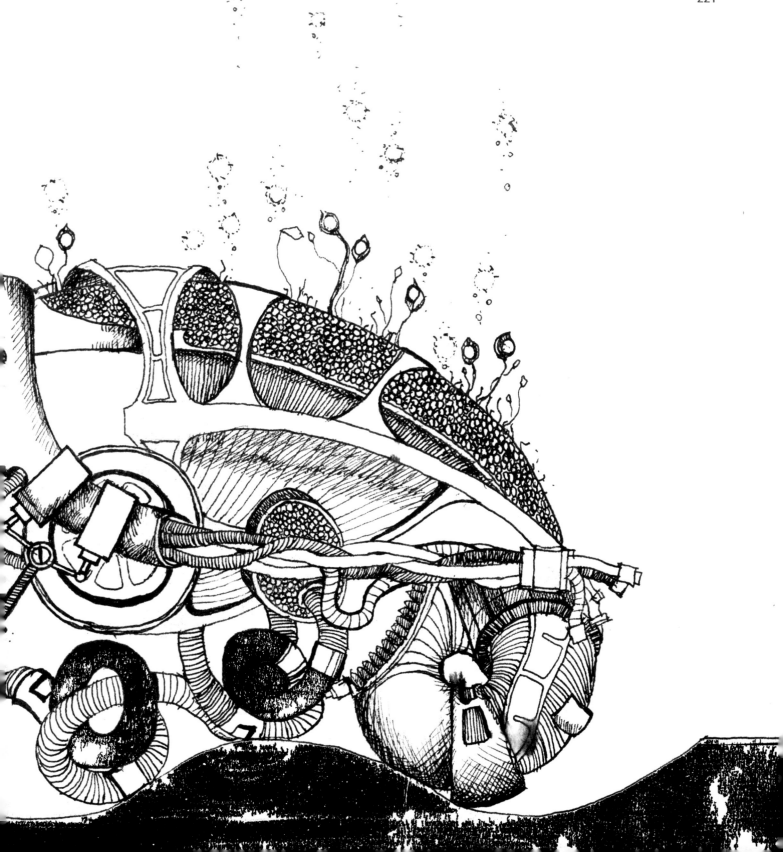

梯田山顶
Mountain Top

作者：岳子泓
时间：2015 年 冬
地点：贵州

正如易中天先生在《国家》一书中讲过，中国人没有宗教意义上的信仰系统，更多是一种为神灵供奉，从而希望获得人生回报的精神交易。我们所供奉的对象十分多样，如人们的神龛中可以容纳玉皇大帝、秦始皇、圣母马利亚、耶稣、佛祖、关公、孔夫子，甚至伏尔泰、爱因斯坦……不难发现这些人物中有些直接代表着互相冲突的价值观，例如，秦始皇和伏尔泰，前者是专治皇权下的大有为之君，为了完成自己的伟业曾经白骨成山；而后者是提倡民主自由人人平等的学者，反对的恰好是专制。

一个族群的信仰看似如此混乱甚至自相矛盾，那不禁要问到底是什么样的力量使其获得了人类历史上寿命最长、稳定度最高的大一统呢？答案也许与中央集权有关，它如同一把直入乱麻的铁索，将纷乱矛盾的信奉系统狠狠地捆在一起。千年来，国民社会需要中央集权去拟定社会秩序和发展方向，而中央集权同时需要丰富多源的国民文化来带动经济的活力和创新。这两者的平衡与协作造就了中国的大一统。

一种社会模式的稳定依赖于两种矛盾系统的协作，那有没有一种建筑设计也可以将两种矛盾的语言系统统一起来？将无序与有序合为一体，并且坦诚其中的冲突？这能否成为一种美学？这便是以下创作所探索的可能性。

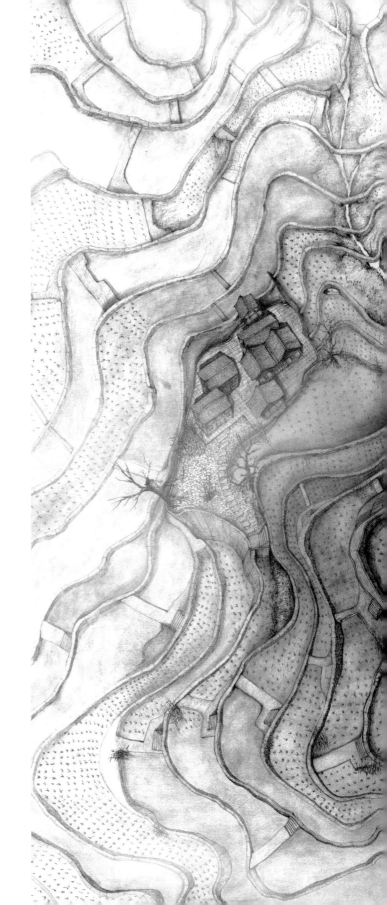

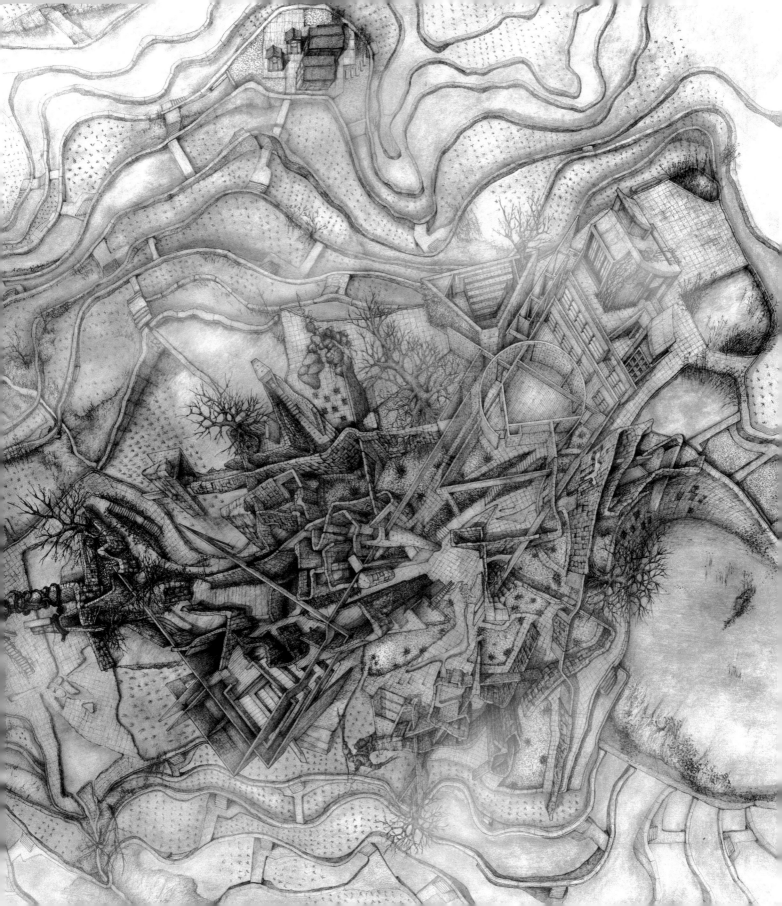

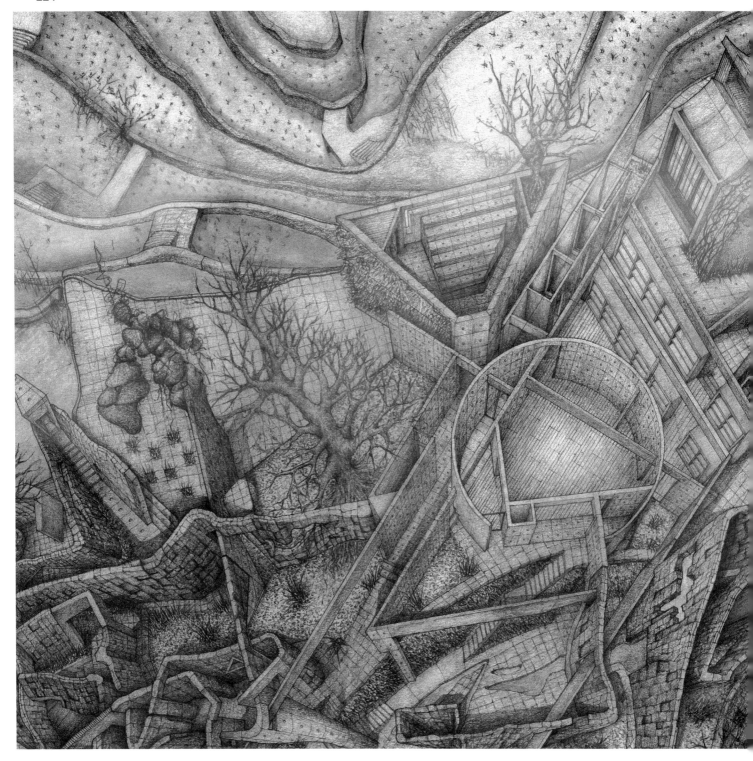

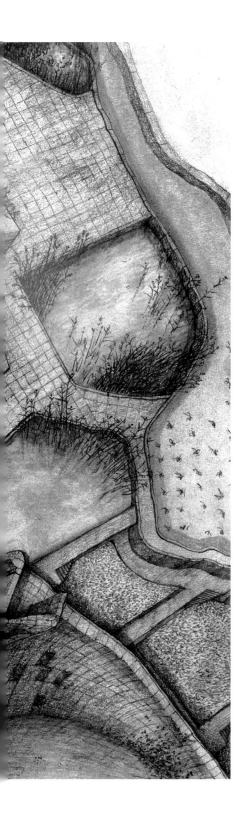

小学

英国有一个良好的传统,就是将学校的厅堂设施,在放学之后作为社区集会的场所。特别是在涉及重大社区改造项目时,学校的厅堂常常成为当地政府征集大众意见,促进民众互动的场所。这里的设计也出于这个初衷,宽阔的圆形集会室,平时是学校图书馆的阅读室,却在放学以后可以成为村民集会的场所。学校设施还包括三个教室、露天讲堂、室内演播厅、宿舍和一些辅助设施,比如洗手间和储存室。

学校设计所采用的建筑语言,主要遵从了现代主义中效率与功能两大原则,以完美几何为主,圆形、等边三角形、四边形和方形都有所运用,并且将它们互相穿插而形成空间与功能。这种语言与迷宫的粗拙形成鲜明反差,它逻辑清晰、路线明确、功能划分合理。这部分建筑虽然在漫长的岁月中会逐渐被苔藓等植被附体,会留下雨水洗刷的痕迹,但就如同威尼斯的布利昂家族墓室一般,明确的几何造型会使其永远在自然天地间保持独立。

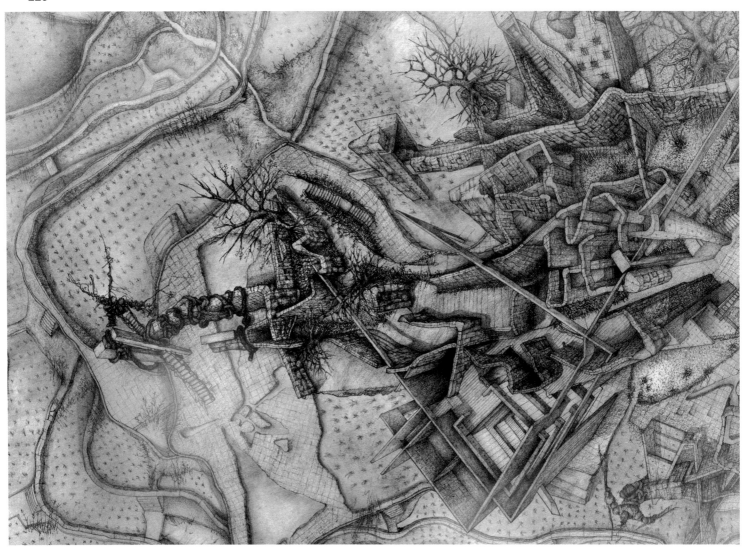

迷宫

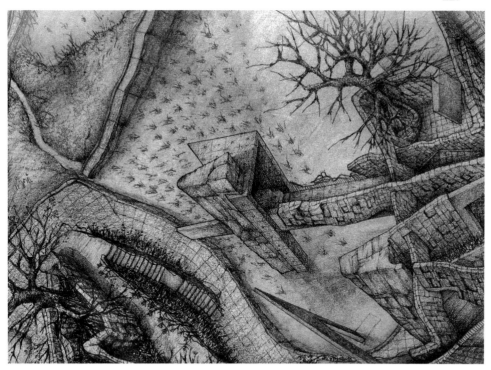

我将中国人不拘一格的信奉系统做成了迷宫。在这里人们拐过前面的石墙就是观音菩萨的神龛,向后转,前行七步则立着关公像。比较重要的人物将获得更加充足的空间,例如,佛祖和孔圣都拥有自己的堂室和龛位。这是建筑中的高塔部分,其中有露天的中庭,外面有两层高大厚重的混凝土墙壁遮掩,墙壁之间的夹层中有过道和博物室,中庭内到了黑夜可以依靠磨砂玻璃灯进行人工照明。这个堂室的塑造更多是运用了现代主义的几何语言,以此来营造庄严的气氛,它与小学建筑透过高壁连接,形成建筑中的"轴",也如同一把锁,锁匙变化多端的迷宫。

我一直想象这个建筑在贵州,不单是因为梯田是那里常见的景象,更是因为那里有中国特殊的石板建筑传统,如同宋培伦老人在贵州花溪的思丫河畔用石板手工传统所修建的夜郎谷古堡,梯田山顶的迷宫部分也可以因地制宜,就地取材,就地取艺,用石板手工技艺堆砌而成,追求粗拙混沌,飘逸却富有力量和重量的建筑美学。迷宫其间多有布置花园和树木,四季变化,在中国西南的高山云雾中时间一长,就会呈现出浪漫的废墟之美,与山体大地融为一体。

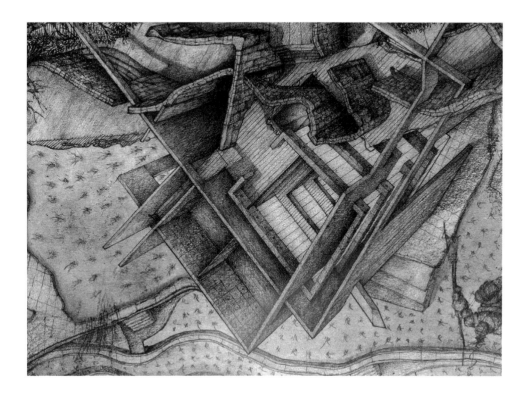

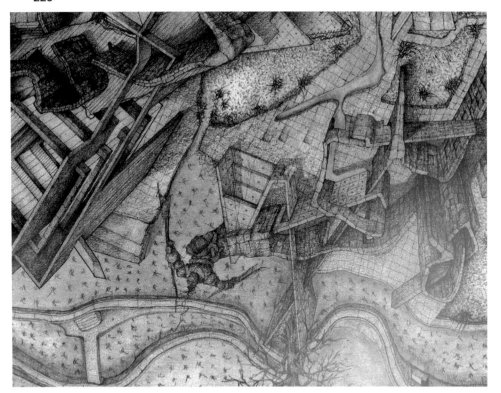

守护神

梯田山顶的南北和西端分别安置了三座守护神的塑像,其造型有受亨利·摩尔的人塑影响,也有参考秦始皇兵马俑和贵州特有的傩神塑像,希望塑造出一种抽象化、鬼神化的军人形象,却又如同京剧里的兵士一般带着长长的头缨,但头缨在此用钢条做成,并且勒紧塑像全身,营造出一种近乎痛苦的感觉。塑像张开双臂,手臂末端的钢筋延伸意会出兵器的意向。这些塑像站在迷宫三个端口注视着山下,营造出一种贵州傩神艺术中特有的神秘。我希望它们用当地传统石刻工艺雕刻而成,追求与迷宫一般粗拙雄峻的美感,也将逐渐披上岁月的痕迹,与山体大地融为一体。

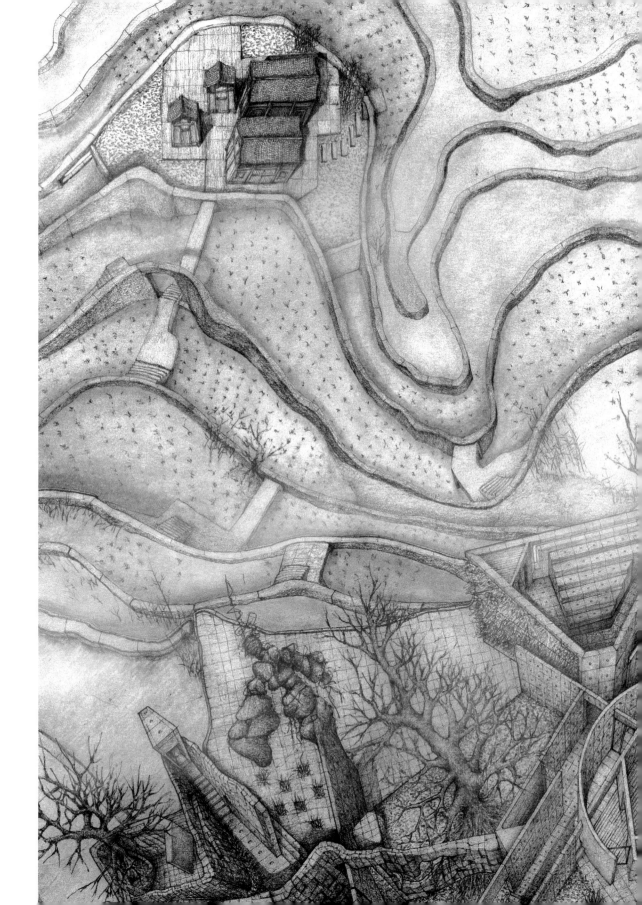

理想世界
Wonderland
作者：马欣然
时间：2015 年 冬
地点：剑桥

　　这个作品于 2015 年年底开始设计。初衷其实很简单，就是希望画自己想画的东西。

　　设计主题的选取其实是比较自然而然的事情，它主要源于当时自己的一些感触。首先那段时间我对设计类游戏开始有了一定的兴趣。所谓设计类游戏是个比较宏观的范畴，例如，乐高积木系列产品、Minecraft，甚至包括 Unity3D 等游戏引擎。与其说是游戏，不如说是这种体验和互动形式本身更加吸引我。当时我在为儿童设计类项目做志愿者，和他们一起用积木做各种想做的主题房屋、社区、规划等等。利用某种特定的模数化规则生产出的一些几何模块，可以组合成无数种有意思的组合。而这个简要制定的规则与个人化发挥的体验是很令我感兴趣的地方。其实很多类型的游戏何尝不是基于这一点。Minecraft 也是当时在关注的一个电脑游戏，一方面我对它非常简单直接的规则带来的无限潜能感兴趣；另一方面我对一些网友的作品感到震撼，有的甚至做成了动画带着你去体验这个空间。有的作品的复杂度和精细度非常惊人，虚拟与现实的界限逐渐变得模糊，这种成果是当初游戏设计者也未曾想到的。但是这个游戏画面效果和我希望尝试的方向相悖，我可能更向往那种诗意且又纯粹的氛围。而说到这里自然就会提到大家更熟知的纪念碑谷。和多数人一样，画面的精良程度让人记忆尤深，但是与此同时纪念碑谷却又少了许多我更想表达的内容。它毕竟是基于手机的解谜类游戏，每个场景的体验路径很有限，且每个关卡的构筑物更像是迷你精致的中世纪城堡，具有很多具象特征但是却缺少了一定的抽象隐喻魅力和无限的可能。

　　此外，我那段时间对用图画语言本身很感兴趣。以去逛美术馆为例，面对繁多的画作，无论古典还是现代艺术，我虽然时常强迫自己先阅读文字介绍来理解一个作品想表达的概念和内涵，但不得不说很多作品给我的第一眼震撼都不是文字。甚至过了较长时间后，很可能当时看到的文字讲述已经记不清了，但是画面本身的意境却仍印象深刻。因此能用图画语言表达的事情我更喜欢用图面去说。至于它的概念和更深层意义上的想法，希望交给看到它的人自己体验。如果你的理解和我的初衷不同甚至有属于你自己的诠释，那才是我真正想要到的效果。我希望更多的是一种感性的共鸣而不是理性的解释。

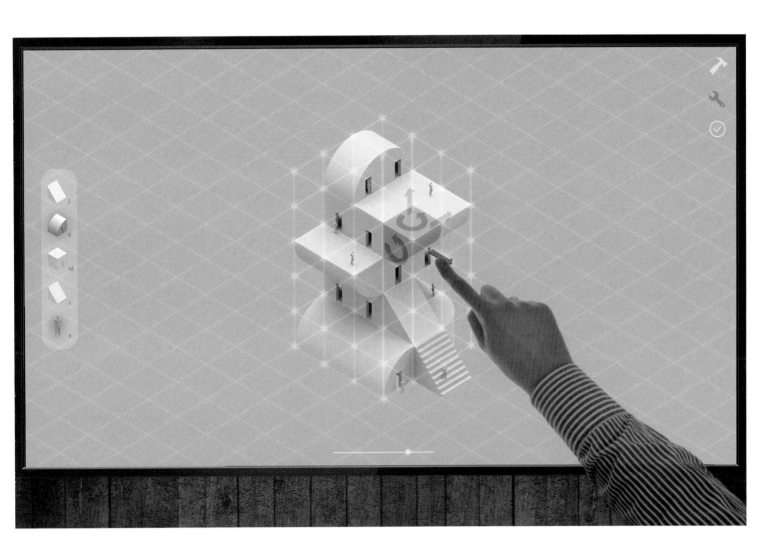

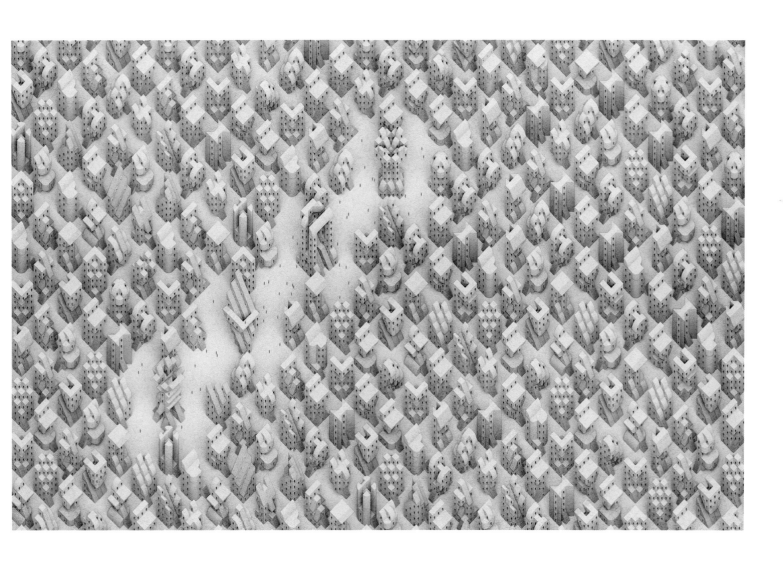

响亮的"嘴巴鼓点儿"又回来了，他把墩布归置好，跟柜子肩并肩站在一起好像一根多立克啊。刚刚门口直挺挺的横幅现在看来也在一点点儿坠下来，老张估计也注意到了，他把自己上班的名片摆出来后就"唉"了声。老张打扫的地是真干净，能映出贴满打印图的天花板的裙底。一天天那么多漂亮的梦想图纸被印出来，那么多对甲方的信誓旦旦被夸下海口，那么多次为别人着想的设计笔下有神，有时却忘了担心自己的蓝图又在哪里。老张左手夹着烟屁股并着苏打的瓶子，右手依次重新锁好四个抽屉，半天吐出一个跟横幅上的字一样大的烟圈。

　　"P，待会儿他们采访你为什么要出版这些从没发生过的项目，你打算讲哪个故事啊？"

版权所有，侵权必究。侵权举报电话：010-62782989　13701121933

图书在版编目（CIP）数据

奇想·建筑 / 王斯旻，王雪诗，白非编. — 北京：清华大学出版社，2019
（新设计书）
ISBN 978-7-302-51113-7

Ⅰ．①奇… Ⅱ．①王…②王…③白… Ⅲ．①建筑设计－作品集－世界－现代 Ⅳ．①TU206

中国版本图书馆CIP数据核字(2019)第197587号

责任编辑：宋丹青
封面设计：白　非　贾　曼
责任校对：王荣静
责任印制：杨　艳

出版发行：清华大学出版社
　　　　　网　　址：http://www.tup.com.cn，http://www.wqbook.com
　　　　　地　　址：北京清华大学学研大厦A座　　邮　编：100084
　　　　　社 总 机：010-62770175
　　　　　邮　　购：010-62786544
　　　　　投稿与读者服务：010-62776969，c-service@tup.tsinghua.edu.cn
　　　　　质量反馈：010-62772015，zhiliang@tup.tsinghua.edu.cn
印 装 者：小森印刷（北京）有限公司
经　　销：全国新华书店
开　　本：225 mm × 240 mm　　印　张：21　　字　数：399千字
版　　次：2019年1月第1版　　印　次：2019年1月第1次印刷
定　　价：118.00元

产品编号：080832-01